"十四五"职业教育国家规划教材

中餐面点制作

（第2版）

主　编　史德杰　王春耕　成晓春
副主编　向　军　牛京刚　贾亚东
参　编　王　辰　刘　龙　李　寅　孙金月
　　　　李　蕊　刘文吉　郑会锋

北京理工大学出版社
BEIJING INSTITUTE OF TECHNOLOGY PRESS

版权专有 侵权必究

图书在版编目（CIP）数据

中餐面点制作 / 史德杰，王春耕，成晓春主编 . -- 2 版 . -- 北京：北京理工大学出版社，2021.9（2024.1 重印）

ISBN 978 - 7 - 5763 - 0377 - 3

Ⅰ．①中… Ⅱ．①史… ②王… ③成… Ⅲ．①面食 - 制作 - 中国 - 中等专业学校 - 教材 Ⅳ．① TS972.116

中国版本图书馆 CIP 数据核字（2021）第 191311 号

责任编辑：封 雪　　**文案编辑**：毛慧佳
责任校对：刘亚男　　**责任印制**：边心超

出版发行 /	北京理工大学出版社有限责任公司
社　　址 /	北京市丰台区四合庄路 6 号
邮　　编 /	100070
电　　话 /	（010）68914026（教材售后服务热线）
	（010）68944437（课件资源服务热线）
网　　址 /	http://www.bitpress.com.cn

版 印 次 /	2024 年 1 月第 2 版第 3 次印刷
印　　刷 /	定州启航印刷有限公司
开　　本 /	889 mm×1194 mm　1/16
印　　张 /	15
字　　数 /	370 千字
定　　价 /	53.50 元

图书出现印装质量问题，请拨打售后服务热线，负责调换

序

　　以就业为导向的职业教育，是一种跨越职业场和教学场的职业教育，是一种典型的跨界教育。跨界的职业教育，必然要有跨界的思考。职业教育课程作为人才培养的核心，其跨界特征也决定了职业教育的课程，职业教育课程是一种跨界的课程。

　　课程开发必须解决两个问题：一是课程内容如何选择；二是课程内容如何排序。第一个问题很好理解，培养科学家、培养工程师、培养职业人才所要教授的课程内容是不同的；而第二个问题却是课程开发的关键所在。所谓课程内容排序，是指课程内容的结构化，即当课程内容选择完毕，这些内容如何结构化。知识只有在结构化的情况下才能传递，没有结构的知识是难以传递的。但是，长期以来，教育陷入了一个怪圈：以为课程内容只有一种排序方式，即依据学科体系的排序方式来组织课程内容，其所追求的是知识的范畴、结构、内容、方法、组织以及理论的历史发展。形象地说，这是在盖一个知识的仓库，所追求的是仓库里的每一层、每一格、每一个抽屉里放什么，所搭建的只是一个堆栈式的结构。然而，存储知识的目的在于应用。在一个人的职业生涯中，应用知识远比存储知识重要。因此，相对于存储知识的课程范式，一定存在着一个应用知识的课程范式。国际上把应用知识的教育称为行动导向的教育，把与之相应的应用知识的教学体系称为行动体系，也就是做事的体系，或者更通俗、更确切地说，是工作的体系。这就意味着，除了存储知识的学科体系课程外，还应该有一个应用知识的行动体系的课程，即存在一个基于行动体系的课程内容的排序方式。

基于行动体系课程的排序结构，就是工作过程。它所关注的是工作的对象、方式、内容、方法、组织以及工具的历史发展。按照工作过程排序的课程，是基于知识应用的课程，关注的是做事的过程、行动的过程。所以，教学过程或学习过程与工作过程的对接，已成为当今职业教育课程改革的共识。

但是，对实际的工作过程，若仅经过一次性的教学化的处理后就用于教学，很可能只是复制了一个具体的工作过程。这里，从复制一个学科知识的仓库到复制一个具体工作过程，尽管是向应用知识的实践转化，然而由于没有一个比较、迁移、内化的过程，学生很难获得可持续发展的能力。根据教育心理学"自迁移、近迁移和远迁移"的规律，以及中国哲学"三生万物"的思想，按照职业成长规律和认知学习规律，将实际的工作过程进行三次以上的教学化处理，并将其演绎为三个以上的有逻辑关系的、用于教学的工作过程，强调通过比较学习的方式，实现迁移、内化，进而使学生学会思考，学会发现、分析和解决问题，掌握资讯、计划、决策、实施、检查、评价的完整的行动策略，将大大促进学生的可持续发展。所以，借助于具体工作过程——"小道"的学习及其方法的习得实践，去掌握思维的工作过程——"大道"的思维和方法论，将使学生能从容应对和处置新的工作。

近年来，随着教学改革的深入，我国的职业教育正是在遵循"行动导向"的教学原则，强调在"为了行动而学习""通过行动来学习""行动就是学习"的教育理念以及在学习和借鉴国内外职业教育课程改革成功经验的基础上有所创新，逐渐形成了"工作过程系统化的课程"开发理论和方法。现在，这个教学原则已为广大职业院校一线教师所认同、所实践。

烹饪专业是以手工技艺为主的专业，比较适合以形象思维见长、善于动手的职业院校学生学习。烹饪专业学生的职业成长具有自身的独特规律，如何借鉴工作过程系统化课程理论及其开发方法以及如何构建符合该专业特点的特色课程体系，是一个非常值得深入探究的课题。

令人欣喜的是，作为我国职业教育领域中一所很有特色的学校，有着30多年烹饪办学经验的北京劲松职业高中，这些年来，在烹饪专业课程教学的改革领域进行了全方位的改革与探索。通过组建由烹饪行业专家、职业教育课程专家和一线骨干教师构成的课程改革团队，学校在科学的调研和职业岗位分析的基础上确立了对烹饪人才的技能、知识和素质方面的培训要求，同时还结合该专业的特色，构建了烹饪专业工作过程系统化的理论与实践一体化的课程体系。

基于我国教育的实际情况，北京劲松职业高中在课程开发的基础上，编写了一套烹饪专业的工作过程系统化系列教材。这套教材以就业为导向，着眼于学生综合职业能力的培养，以学生为主体，注重"做中学，做中教"，其探索执着，成果丰硕，而主要特色，有以下几点：

（1）按照现代烹饪行业岗位群的能力要求，开发课程体系。

该课程及其教材遵循工作过程导向的原则，按照现代烹饪岗位及岗位群的能力要求，确定典型工作任务，并在此基础上对实际的工作任务和内容进行教学化的处理、加工与转化，通过进一步的归纳和整合，开发出基于工作过程的课程体系，以使学生学会在真实的工作环境中运用知识和岗位间协作配合的能力，为将来顺利适应工作环境和今后职业发展奠定坚实基础。

（2）按照工作过程系统化的课程开发方法，设置学习单元。

该课程及其教材根据工作过程系统化课程开发的路线，以现代烹饪企业的厨房基于技法细化岗位内部分工的职业特点及职业活动规律，以真实的工作情境为背景，选取最具代表性的经典菜品、制品或原料作为任务、单元或案例性载体的设计依据，按照由易到难、由基础到综合的递进式逻辑顺序构建了三个以上的学习单元（即"学习情境"），体现了学习内容序化的系统性。

（3）对接现代烹饪行业和企业的职业标准，确定评价标准。

该课程及其教材针对现代烹饪行业的人才需求，融入现代烹饪企业岗位或岗位群的工作要求，对接行业和企业标准，培养学生的实际工作能力。在理实一体化的教学层面，以工作过程为主线，夯实学生的技能基础；在学习成果的评价层面，融入烹饪职业技能鉴定标准，强化练习与思考环节，通过专门设计的技能考级的理论与实操试题，全面检验学生的学习效果。

这套基于工作过程系统化的教材的编写和出版，是职业教育领域深入开展课程和教材改革的新成效的具体体现，是一个具有多年实践经验和教改成果的职业院校的新贡献。我很荣幸将这套教材介绍并推荐给读者。

我相信，北京劲松职业高中在课程开发中的有益探索，一定会使这套教材的出版得到读者的青睐，也一定会在职业教育课程和教学的改革与发展中起到标杆的作用。

我希望，北京劲松职业高中开发的课程及其教材在使用的过程中不断得到改进、完善以及提高，为更多精品课程教材的开发夯实基础。

我也希望，北京劲松职业高中业已形成的探索、改革与研究的作风能一以贯之，在建立具有我国特色的职业教育和高等职业教育的课程体系的改革中做出更大的贡献。

改革开放以来，职业教育为中国经济社会的发展，做出了普通教育不可替代的贡献，不仅为国家的现代化培养了数以亿计的高素质劳动者和技能型人才，而且在提高教育质量的改革之中，职业教育创新性的课程开发成功的经验与探索——已从基于知识存储的结果形态的学科知识系统化的课程范式，走向基于知识应用的过程形态的工作过程的课程范式，大大丰富了我国教育的理论与实践。

历史必定会将职业教育的"功勋"铭刻在其里程碑上。

党的二十大报告指出:"实施科教兴国战略,强化现代化建设人才支撑。"办好人民满意的教育,统筹职业教育,推进产教融合,优化职业教育类型定位,为现代化建设提供高质量的人才。北京市落实职业学校以工作过程为导向的课程改革精神,以我市职业学校工作过程为导向的烹饪(中餐)专业核心课程标准为依据,结合课程改革实验单元新课程实施要求,校企合作开发了《中餐面点制作》课程教材。

根据中餐面点典型职业活动分析,《中餐面点制作(第2版)》教材以工作任务为载体,确定了4个学习单元,即水调面团、膨松面团、油酥面团和其他面团。每个学习单元均由8个任务组成,共计252课时。任务编排的原则是由易到难、循序渐进,涵盖了单元的全部教学目标。在专业能力、方法能力和社会能力的各项要求中,每个工作任务都有相同的准则,却有不同的具体要求,同学们在完成每个工作任务的实践活动中逐步达到规范化、熟练化,最终达到岗位的要求并内化为自己的经验。这些工作任务不但是来自餐饮企业的实际工作任务,也是能够在学校的实训室很好完成的工作任务。

《中餐面点制作(第2版)》教材单元导读主要包括本单元所有任务所涉及的相关知识和相关技能。另外,每个任务的编排共分为6个环节:任务描述、相关知识、制作准备、制作过程、评价标准、拓展任务。

本教材突出体现了以下特色:

第一,教材以任务为载体,任务的安排由简到繁,在完成工作任务的过程中,学生能够学到中餐面点相关的知识和技能。

第二，教材内容的编排与餐饮企业接轨，对接行业技能标准，准确把握教学目标与评价标准，与企业岗位相适应。

第三，教材内容的编排注重培养学生的方法能力和社会能力，有助于提升学生的综合职业能力。

第四，教材编排的每个工作任务都包含了一个完整的工作过程，具有可见的工作成果。学生在展示自己的工作成果的过程中可以体验成功的快乐。

第五，教材图文并茂，可读性强，体现理论实践一体化，有助于学生记忆面点的制作过程，同时也增强了学生的学习兴趣。

第六，教材安排了知识链接，相关内容的引入有利于增强学生的烹饪文化素养。

第七，教材单元导读中含有职业素养与核心价值观的相关内容，充分发挥专业课程的专业育人和思政育人功能。领略中华传统文化的博大精深。同时激发学生的爱国热情和民族自豪感与自信心，培养学生的职业精神和工匠精神。

本教材由史德杰、王春耕、成晓春老师担任主编，主要负责素材搜集、文字撰写、图片拍摄及统稿工作；向军、牛京刚、贾亚东老师担任副主编，主要负责拍摄脚本撰写和图片拍摄工作；王辰、刘龙、李寅、孙金月、李蕊、刘文吉、郑会锋老师也参与了本教材的编写，主要负责部分图片的拍摄工作。编者在教材的编写过程中得到了北京市课程改革专家杨文尧校长的指导和企业专家王春耕的帮助，并且得到了北京劲松职业高中教科研室杨志华、范春老师的鼎力支持，在此一并表示衷心的感谢。

由于时间仓促，编者水平有限，本教材尚存不足之处，还望广大读者提出宝贵的意见和建议，以便修订时及时改正。

编　者

目录
CONTENTS

单元一　水调面团

单元导读·· 2
任务一　山西猫耳朵的制作·· 3
任务二　老北京打卤面的制作··· 10
任务三　水饺的制作··· 19
任务四　三鲜馄饨的制作··· 26
任务五　葱花饼的制作·· 33
任务六　鲜肉锅贴的制作··· 39
任务七　烫面炸糕的制作··· 46
任务八　萝卜丝饼的制作··· 54

单元二　膨松面团

单元导读·· 62
任务一　什锦木樨糕的制作·· 63
任务二　葱香花卷的制作··· 69
任务三　荷叶卷的制作·· 75
任务四　提褶包子的制作··· 80
任务五　三丁包的制作·· 87
任务六　水煎包的制作·· 93
任务七　油条的制作··· 100
任务八　蛋黄莲蓉甘露酥的制作··· 105

单元三　油酥面团

单元导读	112
任务一　白皮酥的制作	113
任务二　五仁芝麻酥饼的制作	120
任务三　枣泥荷花酥的制作	126
任务四　眉毛酥的制作	132
任务五　岭南咖喱酥角的制作	138
任务六　蛋黄酥的制作	145
任务七　叉烧酥的制作	151
任务八　黄桥烧饼的制作	158

单元四　其他面团

单元导读	166
任务一　黑芝麻汤圆的制作	167
任务二　麻团的制作	173
任务三　小窝头的制作	179
任务四　小枣粽子的制作	184
任务五　萨其马的制作	188
任务六　维萝豆沙柿的制作	195
任务七　虾饺的制作	201
任务八　莲蓉蛋黄月饼的制作	207

附录一　原料介绍	214
附录二　中式面点常用工具和设备	220
附录三　中餐面点制作开档与收档	229

单元一　水调面团

单元导读

一、任务内容

本单元介绍水调面团的相关知识和技能。

水调面团根据加入水的温度不同，分为冷水面团、温水面团和热水面团。

冷水面团具有弹性、韧性、延伸性等特点，适合制作山西猫耳朵、老北京打卤面、水饺、三鲜馄饨和萝卜丝饼等面点制品。

温水面团的黏性、韧性和色泽均介于冷水面团和热水面团之间，质地柔软且具有可塑性较强的特点，适合制作烙饼和葱花饼面点制品。

热水面团具有黏性大、韧性差等特点，成品口感软糯，色泽较暗，适合制作鲜肉锅贴、烫面炸糕等面点制品。

二、任务简介

用"压捻搓"成形的手法制作山西猫耳朵；用"挤捏"成形的手法制作水饺；用手工擀制面条的手法制作老北京打卤面；用包制成形的手法制作馄饨；用卷、盘、擀制成形的手法制作葱花饼；用捏制成形的手法制作鲜肉锅贴；用"包捏"成形的手法制作烫面炸糕；用"叠卷"成形的手法制作萝卜丝饼。

三、职业素养与核心价值观

本单元是一门基础性较强的专业核心课程，注重学生理论和基础技能的培养，在学习目标中融入思政教育，在提升课程思政意识与能力等方面进行教学探讨，力求将《中餐面点制作》课程与核心价值观有机结合，充分发挥专业课程的专业育人和思政育人功能。激发学生的担当意识、对树立正确的人生观和价值观起到了引领作用。培养学生爱岗敬业，增强中华文化传播影响力，培养学生胸怀天下的职业理想。

任务一 山西猫耳朵的制作

一、任务描述

[内容描述]

猫耳朵是晋中、晋北等地区流行的一种风味面食,备受群众欢迎。过去民间相亲,招待未过门的女婿常吃一种荞麦做的"猫耳朵",这是未过门的媳妇显示手艺的好机会。制作这种面食不用任何工具,全凭巧手。任务一是在面点厨房中,根据顾客要求,利用面粉加冷水调制成软硬适度的水调面团,用两手搓成粗细均匀的面条,揪取一截,一压一捻,采用"压捻搓"成形的手法,一个小小的"猫耳朵"就卷成了。成品碗内热气腾腾、香味扑鼻、红绿相间,面末入口,已醉三分,相恋之情、灵犀相通。2008年6月,山西猫耳朵制作手艺被国务院授予国家级非物质文化遗产,已成为三晋文化的共同财富,中国食文化的一颗明珠。

[学习目标]

(1)了解水调面团的种类及特性。
(2)能够利用面粉和水调制软硬适度的水调面团。
(3)能够按照制作流程,在规定时间内完成猫耳朵的制作。
(4)培养学生养成卫生习惯并遵守行业规范。
(5)通过课堂学习,使学生养成良好的职业习惯,并培养责任意识和职业素养。
(6)培养学生爱岗敬业,增强中华文化传播影响力。

二、相关知识

[水调面团的定义]

水调面团,是指面粉掺水(有些加入少量填料,如精盐、纯碱等)所调制成的面团,餐饮业也称之为"死面""呆面"或"水面"。

[水调面团的种类及特性]

根据和面时使用水温的不同,水调面团所具有的特性也不同,一般分为冷水面团、温水面团和热水面团三种。

1. 冷水面团
冷水面团本身具有弹性、韧性和延伸性。其成品一般具有色白、滑爽、筋道的特点。

2. 温水面团
温水面团的黏性、韧性、色泽均介于冷水面团与热水面团之间，具有可塑性强的特点。

3. 热水面团
热水面团黏性大、韧性差。其成品具有色泽较暗，口感软糯的特点。

[煮制关键要点]

要把制品煮熟煮透，保持原形，必须注意以下几点：

（1）水量要多，行话叫"宽"，即水量比制品多出十几倍，制品在水中就有了充分活动的余地，受热均匀，不会黏连，汤不会浑。

（2）要根据制品的品种和粉坯的性质、特点，掌握"点水"次数，确定煮制时间。

如馄饨皮薄馅小，下锅后，水一开就要捞出；水饺皮较厚而馅大，煮的时间要长，还要点几次水，才能内外俱熟，皮香馅鲜；再如元宵皮更厚，煮的时间需要更长。

（3）连续煮制时，要不断加水，当水变得较浑时，还要重新换水，保持汤水清澈，是保证制品清爽的重要条件。

（4）煮制时，制品容易沉底，特别是刚下锅时，必须随下锅随用工具轻轻搅动，使之浮起，防止粘锅底，以免煮烂。

（5）捞制品时，因煮熟的制品比较容易破裂，捞时先要轻轻搅动，浮起以后，再下笊篱捞出。

[成品标准]

呈"猫耳"状，不塌、不扁，猫耳面口感筋道，如图1-1-1所示。

图1-1-1 猫耳朵成品标准

三、制作准备

[设备与工具]

（1）设备：案台、案板、炉灶、台秤、煮锅。
（2）工具：和面盆、笊篱、手勺、餐盘。

[原料与用量]

皮料、汤料和调料如图1-1-2~1-1-4所示。

皮料：面粉500克、精盐5克、清水250~260毫升。

(a)

(b)
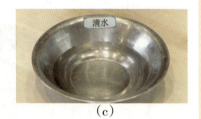
(c)

图1-1-2　皮料

汤料：鸡汤1 000毫升、油菜心10棵。

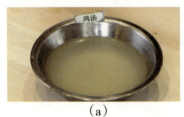
(a)

(b)

图1-1-3　汤料

调料：精盐5克、香油10毫升、胡椒粉0.5克。

(a)
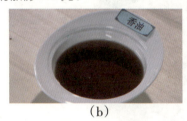
(b)

(c)

图1-1-4　调料

四、制作过程

1. 和面步骤

和面步骤如图1-1-5所示。

山西猫耳朵
视频

| 将面粉、精盐倒入盆中拌匀。 | 分次加入清水拌均匀。 | 和成软硬适度的面团。 |

(a)
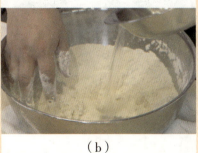
(b)
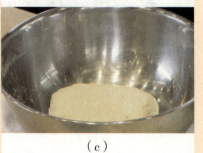
(c)

图1-1-5　和面步骤

2. 饧面

饧面是指将和好的面团盖上一块干净的湿布，放置 10~15 分钟，如图 1-1-6 所示。

图 1-1-6　饧面

3. 擀片

擀片步骤如图 1-1-7 所示。

将饧好的面团用擀面杖擀制。

（a）

将皮擀制成厚度约 1 厘米的薄片。

（b）

图 1-1-7　擀片步骤

4. 切丁

切丁步骤如图 1-1-8 所示。

将擀好的面片用刀切成宽约 1 厘米的条。

（a）

再将条切成方丁。

（b）

撒上干面粉拌匀，使其互不粘连。

（c）

图 1-1-8　切丁步骤

5. 成形

成形步骤如图1-1-9所示。

将切好的面丁在案板上用大拇指按压住。	向前捻搓。	成猫耳朵形状。
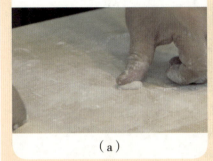	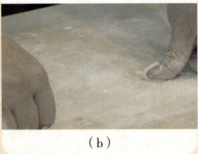	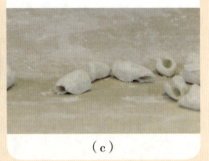
（a）	（b）	（c）

图1-1-9 成形步骤

注：成形时也可以在竹制的盖帘上滚动，制作出带花纹的猫耳朵，如图1-1-10所示。

图1-1-10 带花纹的猫耳朵

6. 猫耳朵煮制

猫耳朵煮制步骤如图1-1-11所示。

猫耳朵煮制将煮锅清洗干净，加入清水烧开，放些精盐，加入猫耳朵生坯煮制。	将煮熟的猫耳朵捞出并控去水分。
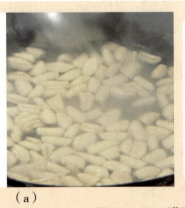	
（a）	（b）

图1-1-11 猫耳朵煮制步骤

7. 煮制汤料

煮制汤料步骤如图 1-1-12 所示。

把鸡汤倒入锅内。

（a）

加入适量的精盐、胡椒粉、色拉油。

（b）

待汤烧开,把油菜心放入锅里焯水。

（c）

把煮好的猫耳朵放入汤碗中,放入油菜心。

（d）

烧开鸡汤,放入几滴香油,烧开后,浇在汤碗中。

（e）

图 1-1-12　煮制汤料步骤

8. 装盘

将煮制好的成品装入餐盘中。

五、评价标准

评价标准见表 1-1-1。

表 1-1-1　评价标准

评价内容	评价标准	满分	得分
成形手法	猫耳面"压、捻、搓"手法正确	20	
成品标准	呈"猫耳"状,不塌、不扁,猫耳面口感筋道	50	

续表

评价内容	评价标准	满分	得分
装盘	成品与盛装器皿搭配协调，造型美观	5	
卫生	工作完成后，工位干净整齐，工具清洗干净并摆放入位	5	
核心价值观	学习态度端正、主动性与责任意识强	10	
	能吃苦，肯钻研、讲传统、有创新	10	
合计		100	

六、拓展任务

利用网络或者查找相关书籍，完成下列任务：

（1）用杂粮（如高粱面、莜面、荞面）制作猫耳朵。

（2）为了使面条具有色泽美观、营养丰富的特点，同学们还可以在面粉中加入西红柿汁、菠菜汁等制作三色猫耳朵，如图1-1-13所示。

图1-1-13　三色猫耳朵

（3）猫耳朵吃法多样，煮好后，可浇上卤汁或配上蔬菜炒着吃，还可制成汤面，或配上炒好的菜肴吃。

任务二 老北京打卤面的制作

一、任务描述

[内容描述]

老北京打卤面在北京是一道传统美食。在面点厨房中,利用面粉加冷水再加入少量的纯纯碱调制成软硬适度的水调面团,采用手工擀制面条,通过煮制成熟,浇上卤汁,完成老北京打卤面的制作。

[学习目标]

(1)了解水调面团中加入精盐和纯碱的作用。
(2)了解面粉的分类及面条粉的特点。
(3)能够利用面粉、水调制软硬适度的水调面团。
(4)能够制作卤色红润,鲜香诱人,营养丰富的老北京打卤面卤汁。
(5)能够按照制作流程,在规定时间内完成老北京打卤面的制作。
(6)培养学生养成卫生习惯并遵守行业规范。
(7)通过课堂学习,使学生养成良好的职业习惯,并培养责任意识和职业素养。
(8)通过专业学习,树立学生正确的人生观和价值观。

二、相关知识

[水调面团中加入精盐和纯碱的作用]

(1)面团中加入精盐可以改变其中面筋的物理性质,增强面团的筋力。精盐的渗透压作用可以使面团组织结构变得细密,使面团显得洁白。

(2)纯碱和精盐对面筋质有相似作用,能收敛面筋质,纯碱水面团弹性大,口感筋道。

(3)纯碱可促进淀粉的熟化,提高面条的复水性,提高面条的口感,纯碱能加速淀粉形成凝胶,使成品滑爽。

(4)使用纯碱量应适度,在面粉中的添加量应为0.1%~0.2%,若过量放入,将严重破坏面粉中的维生素(特别是维生素B族)等营养成分。

[面粉的分类及面条粉的特点]

按蛋白质(面筋质)含量的高低,面粉分为强力粉、准强力粉、中力粉和薄力粉四类。

1. 强力粉

用特强的硬麦加工，主要用于制作主食面包和各种花色面包。

2. 准强力粉

用硬冬麦或硬春麦加工，主要用于制作面包、面条、饺子、油条等。

3. 中力粉

用中间质小麦或用软麦和硬麦混配加工，用于制作馒头、包子、烙饼等。

4. 薄力粉

用软麦加工，用于制作蛋糕和饼干等。

[面条粉的特点]

面条粉具有色泽洁白、蛋白质含量高、制成面条不断条、口感爽滑的特点。使用时，每500克面粉加水200~225毫升、精盐5克、纯碱2.5克，和面揉匀，饧20分钟，手擀或用面条机制成面条，沸水下锅煮。

[面条煮制关键要点]

若要使煮的面条清爽、不黏、不硬心、不糊汤，则必须根据面条的特点来掌握火候及下锅的时间。

1. 煮制手擀面和湿切面

锅中煮面条的水要多，水将要烧开时下面，并用筷子迅速在锅中将刚下的面条轻轻向上挑几下，以防面条黏结在一起。然后用旺火煮开，否则会由于水温不够高而导致面条表面的面糊不易形成一层黏膜，溶化在水里，面汤变混浊，煮出面条表面的面糊也不易形成一层黏膜。用旺火煮面条，开锅两次，点两次凉水，即可出锅。

2. 煮制干切面或挂面

可以不等水沸腾就下面条，当锅底有小气泡往上冒时下干切面或挂面，而后搅动几下，盖好锅。锅开后，不宜用旺火煮。因为挂面、干切面本身很干，用旺火煮，水很快被催开，水温较高，面条表面的面糊马上形成一层黏膜，使水分不能很好向里浸透，热量也无法向里传导。所以宜用中火慢煮，随开随点适量的凉水，水沸腾了，面也快熟了。这样，热量慢慢向面条内部渗透，熟得也快，面条柔软而且汤清。如果水沸腾后再下干切面或挂面，面条在沸开的锅中上下翻滚，互相摩擦，表面的黏膜被冲掉，使面汤糊化，增加了浓度，水的渗透性就更差了，煮出的面条就会出现硬心。

如何判断面条是否熟了？可以夹断一根面条，如果中间没有白色的芯就算熟了。

[成品标准]

老北京打卤面筋道滑爽，卤色红润，鲜香诱人，营养丰富，如图1-2-1所示。

图 1-2-1 老北京打卤面

三、制作准备

[设备与工具]

（1）设备：案台、案板、炉灶、台秤、炒锅、煮锅。

（2）工具：和面盆、长擀面杖、笊篱、手勺、餐盘。

[原料与用量]

皮料、卤汁原味和调料的制作如图 1-2-2~图 1-2-4 所示。

（1）皮料：面粉 500 克、清水 200~225 毫升、精盐 5 克、玉米淀粉适量（薄面）。

   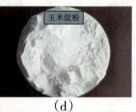
　　(a)　　　　　　　(b)　　　　　　　(c)　　　　　　　(d)

图 1-2-2 皮料

（2）卤汁原料：猪五花肉 150 克、水发黄花 10 克、水发木耳 10 克、鸡蛋 2 个。

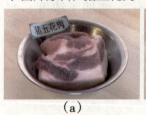   
　　(a)　　　　　　　(b)　　　　　　　(c)　　　　　　　(d)

图 1-2-3 卤汁原料

(3)调料:精盐3克、生抽5毫升、香油3毫升、香葱一段,姜一小块。

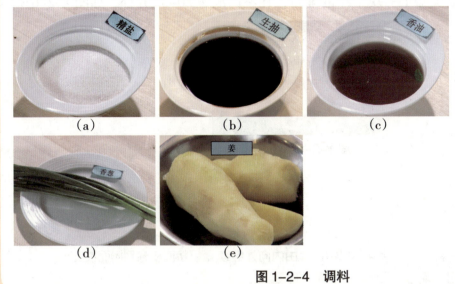

图1-2-4 调料

四、制作过程

(一)制作手擀面

1. 和面

和面步骤如图1-2-5所示。

老北京打卤面视频

将面粉、精盐倒入和面盆中。

(a)

分几次加入清水。

(b)

用抄拌法将面粉抄拌成雪花片状。

(c)

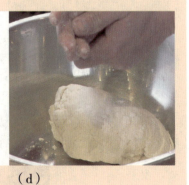

将面揉匀揉透,和成软硬适度的水调面团。

(d)

图1-2-5 和面步骤

2. 饧面

饧面是指将和好的面团盖上一块干净的湿布，在室内放置20~30分钟，如图1-2-6所示。

图1-2-6 饧面

3. 擀面皮

擀面皮步骤如图1-2-7所示。

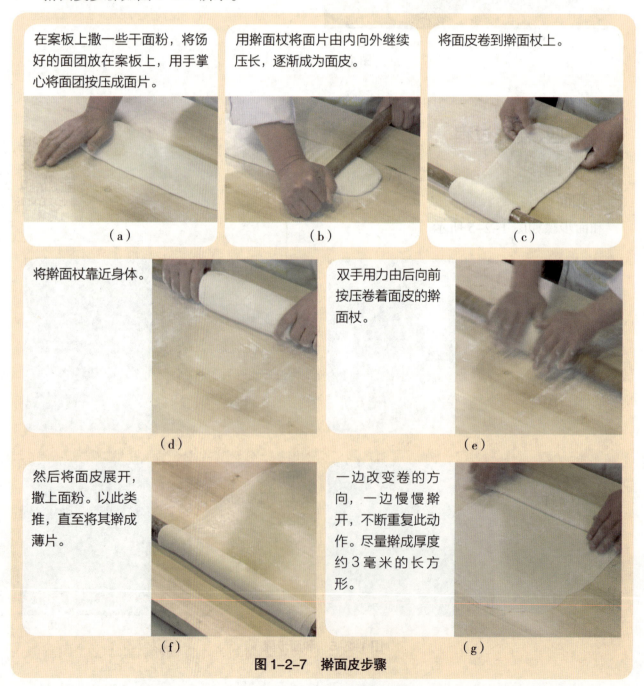

(a) 在案板上撒一些干面粉，将饧好的面团放在案板上，用手掌心将面团按压成面片。

(b) 用擀面杖将面片由内向外继续压长，逐渐成为面皮。

(c) 将面皮卷到擀面杖上。

(d) 将擀面杖靠近身体。

(e) 双手用力由后向前按压卷着面皮的擀面杖。

(f) 然后将面皮展开，撒上面粉。以此类推，直至将其擀成薄片。

(g) 一边改变卷的方向，一边慢慢擀开，不断重复此动作。尽量擀成厚度约3毫米的长方形。

图1-2-7 擀面皮步骤

4. 切制面条

切制面条步骤如图 1-2-8 所示。

| 将面片像折扇子一样叠起。 | 用干燥的利刀，采用直切法，缓慢而均匀地切下，宽窄适度。 | 切完的手擀面要立即用手一根根抖开。 |

 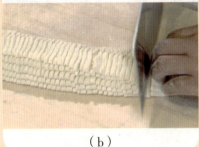 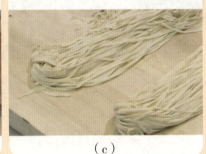

（a）　　　　　　　　（b）　　　　　　　　（c）

图 1-2-8　切制面条步骤

（二）制作卤汁

制作卤汁步骤如图 1-2-9 所示。

| 将五花肉切成片。 | 将泡发的黄花切段，将木耳切块。 | 锅中放入适量油，待油烧热，加入姜末、葱花炒至微黄。 |

 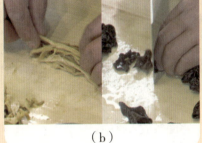 

（a）　　　　　　　　（b）　　　　　　　　（c）

| 加入五花肉片煸炒。 | 加入切好的木耳、黄花继续煸炒。 | 加入生抽、少许精盐，煸炒后加入高汤，大火烧开。 |

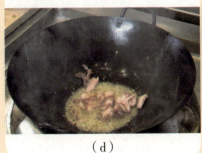 

（d）　　　　　　　　（e）　　　　　　　　（f）

图 1-2-9　制作卤汁步骤

图 1-2-9　制作卤汁步骤（续）

（三）老北京打卤面成熟

老北京打卤面成熟步骤如图 1-2-10 所示。

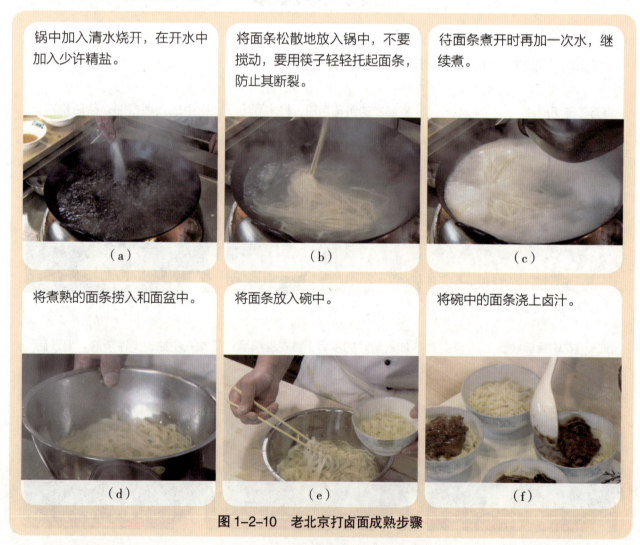

图 1-2-10　老北京打卤面成熟步骤

（四）装盘

将煮熟后的面条装入餐具中并浇上制作好的卤汁。

五、评价标准

评价标准见表1-2-1。

表1-2-1　评价标准

评价内容	评价标准	满分	得分
成形手法	采用手工擀制面条手法正确	20	
成品标准	面条不断裂，口感筋道滑爽，卤汁色红润	50	
装盘	成品与盛装器皿搭配协调，造型美观	5	
卫生	工作完成后，工位干净整齐，工具清洗干净并摆放入位	5	
核心价值观	学习态度端正、主动性与责任意识强	10	
	能吃苦，肯钻研、讲传统、有创新	10	
合计		100	

六、拓展任务

利用网络或者查找相关书籍，完成下列任务：

（1）掌握了擀面的方法后，同学们可以自由发挥，比如在面团中加入蔬菜汁或胡萝卜汁制成养生多彩面等，如图1-2-11所示。

图1-2-11　养生多彩面

（2）将擀制好的面皮切成各种厚度、宽度、做成宽面和细面等，如图1-2-12所示。

图1-2-12　宽面和细面

（3）同学们也可以自由发挥，将卤汁制作成自己喜欢的口味，如西红柿卤或茄子卤，可根据时令蔬菜变化，另外搭配，如图1-2-13所示。

图1-2-13　卤汁

任务三 水饺的制作

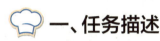 一、任务描述

[内容描述]

饺子是我国的传统美食,有着悠久的历史文化,并且随着时间的发展,使得饺子的发展越来越受欢迎。饺子在我国有着悠久的历史,从李洪辅的《饺子小考》一文中说:"我国吃饺子的历史至少有 1400 年的历史"。"送客饺子迎客面"、"上马饺子下马面",我国是饺子的故乡,被 3000 多万海外华侨带到异国他乡,遍布世界各地,他们不但传去了饺子的制作技艺,弘扬了古老的中国烹饪文化。

水饺是我国北方广大地区流行的一种民间传统食品,备受群众欢迎。在面点厨房中,根据顾客要求,利用面粉加冷水调制成软硬适度的冷水面团,采用"挤捏"成形的手法,一个个小小的"水饺"就制作完成了。

[学习目标]

(1)了解冷水面团的定义及特点。
(2)能够利用面粉、冷水调制软硬适度的冷水面团。
(3)能够掌握冷水面团的调制要领。
(4)能够按照制作流程,在规定时间内完成水饺的制作。
(5)培养学生养成卫生习惯并遵守行业规范。
(6)通过课堂学习,增强学生对本专业的学习意识,对树立正确的人生观和价值观起到了引领作用,培养学生的专业精神和职业精神。

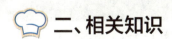 二、相关知识

[认识冷水面团]

1. 冷水面团的定义

冷水面团是指用 30℃以下的水调制而成的面团。

2. 冷水面团的特点

冷水面团的筋性好、韧性强、质地坚实、劲力大、延伸性强，成品色白、滑爽而有筋力。冷水面团适宜制作水饺、面条、馄饨、春卷等。

[调制冷水面团的操作要领]

1. 分次掺水

和面时要根据气候条件、面粉质量及成品的要求，掌握合适的掺水比例。水要分几次掺入（一般应分三次），切不可一次加足。如果一次加水太多，面粉一时吃不进去，会造成"窝水"现象，使面团粘手。

2. 水温适当

由于面粉中的蛋白质是在冷水条件下生成面筋网络的，因此必须用冷水和面。冬季或环境温度较低时，可用30℃左右的温水和面。

3. 用力揉搓

和面时，将面在抄拌成雪花片状后，只有用力反复捣揣和揉搓，才能使面团滋润而且表面光滑、不粘手。

4. 静置饧面

和好的面团要盖上洁净的湿布，静置一段时间，这个过程叫饧面。饧面的目的是使面团中未吸足水分的颗粒进一步充分吸水，更好地生成面筋网络，提高面团的弹性和光滑度，使面团更滋润，成品更爽口。饧面时加盖湿布的目的，是防止面团表面风干，发生结皮现象。

[成品标准]

水饺色泽洁白，造型规整均匀，饺皮软滑，馅心鲜嫩，味美可口，如图1-3-1所示。

图1-3-1 水饺

三、制作准备

[设备与工具]

（1）设备：案台、案板、炉灶、台秤、煮锅。

（2）工具：面箩、刮板、小擀面杖、笊篱、手勺、尺板、小碗、和面盆、餐盘。

[原料与用量]

皮料和馅料以及调料如图1-3-2和图1-3-3所示。

皮料：面粉 500 克、清水 250~260 毫升（冷）。
馅料：肥瘦猪肉馅 500 克、葱 100 克、姜 5 克、清汤 200 毫升（冷）。

图 1-3-2 皮料和馅料

调料：精盐 5 克、酱油 25 毫升、香油 10 毫升、味精 3 克、白糖 2.5 克、胡椒粉 0.5 克、猪油 50 克、料酒 10 毫升。

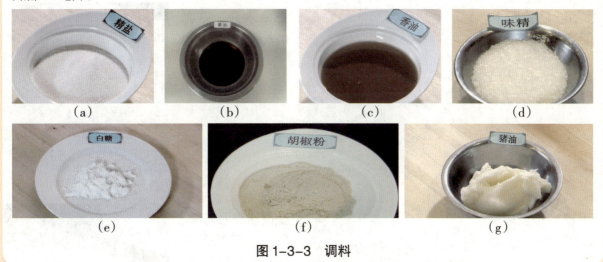

图 1-3-3 调料

四、制作过程

1. 制馅

制馅步骤如图 1-3-4 所示。

将猪肉馅盛放在和面盆内，加入酱油、胡椒粉、白糖。

(a)

用手搅拌均匀至有黏性。

(b)

图 1-3-4 制馅步骤

分两次将清汤加入搅拌（每次加入清汤时，要将肉馅搅至清汤吸入肉中的状态）。		再把葱、精盐、酱油、姜和味精加入肉馅内，拌匀后即成葱花猪肉馅。	
	（c）		（d）

图 1-3-4　制馅步骤（续）

2. 和面

和面步骤如图 1-3-5。

将面粉过筛放入和面盆内。		把冷水分 2~3 次倒入和面盆内。	
	（a）		（b）
用抄拌和搅拌手法将面粉和匀、和透。	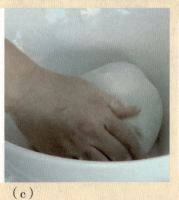	使面粉表面光滑，盖上湿布或保鲜膜，饧 5~10 分钟。	
	（c）		（d）

图 1-3-5　和面步骤

3. 搓条

搓条即取一块面团，来回推搓，使其向两端延伸，搓成圆形长条。这样搓出的条叫剂条，粗细均匀、光洁的圆形条。搓条步骤如图 1-3-6。

图 1-3-6　搓条步骤

4. 下剂

下剂是指一手握住剂条，使其从虎口处露出相当于剂子大小的截面；另一手的大拇指、食指和中指靠紧虎口捏住露出的截面，顺势往下一揪即可（下剂要均匀，大小一致，揪出的面团叫剂子），如图 1-3-7 所示。

图 1-3-7　下剂

5. 制皮

制皮步骤如图 1-3-8 所示。

先将剂子按扁。

（a）

一手捏住边沿，另一手擀制，双手密切配合，连续擀动。

（b）

剂皮顺一个方向转动一个角度（每擀一下，擀到剂皮的2/5处为宜）。

（c）

直至剂皮大小适当，中间稍厚，四周略薄，成圆形即可。

（d）

图 1-3-8　制皮步骤

6. 上馅

上馅即左手拿皮，手指微弯曲呈窝形，右手拿尺板，把馅料盛入皮中间，抹平，如图 1-3-9 所示。

图 1-3-9　上馅

7. 成形

成形步骤如图 1-3-10 所示。

（a）用左手大拇指将盛有馅的饺子皮挑起，对折成半圆，捏牢中间，部分由两边向中间封口。

（b）双手大拇指和食指按住边，同时微微向中间轻轻挤，中间鼓起成木鱼形。

（c）将包好的水饺放在撒有干面粉的容器上。

图 1-3-10　成形步骤

8. 熟制

熟制步骤如图 1-3-11 所示。

（a）将锅中加入水烧开。

（b）把水饺逐个放入水中。

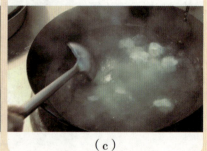
（c）用手勺顺同一方向推动水、带动水饺旋转，水饺慢慢浮起。

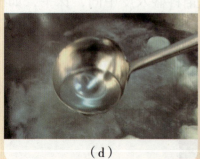
（d）开锅后点冷水，保持水面沸而不腾，使水饺受热均匀。

（e）继续煮，直至水饺煮熟（一般点冷水 3~4 次）。

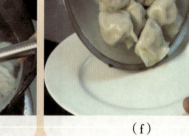
（f）将煮熟的水饺捞出。

图 1-3-11　熟制步骤

9. 装盘

将煮好的水饺装入餐盘中。

10. 调味的步骤

去掉异味、增加美味、确定口味。注意，一定要最后加点精盐确定口味。

五、评价标准

评价标准见表 1-3-1。

表 1-3-1　评价标准

评价内容	评价标准	满分	得分
成形手法	水饺挤捏成形的手法正确	20	
成品标准	色泽洁白，造型规整均匀，饺皮软滑，馅心鲜嫩，味美可口	50	
装盘	成品与盛装器皿搭配协调，造型美观	5	
卫生	工作完成后，工位干净整齐，工具清洗干净并摆放入位	5	
核心价值观	学习态度端正、主动性与责任意识强	10	
	能吃苦，肯钻研、讲传统、有创新	10	
	合计	100	

六、拓展任务

利用网络或者查找相关书籍，完成下列任务：

（1）根据个人喜好改变馅的品种，制作各种各样的水饺，如鸡蛋韭菜馅、番茄鸡蛋饺子馅、鸡肉冬笋馅和翡翠水晶馅等。

（2）从营养和色彩的角度，可以添加菠菜汁、南瓜汁、青萝卜汁等制作营养丰富、色彩美观的各式水饺，如图 1-3-12 所示。

图 1-3-12　各式水饺

任务四　三鲜馄饨的制作

一、任务描述

[内容描述]

馄饨是一种传统食品。在面点厨房中，利用面粉加冷水调制成软硬适度的冷水面团，采用包制成形的手法，煮制成熟，完成馄饨制作任务。

[学习目标]

（1）了解冷水面团及其特点。

（2）能够掌握冷水面团调制的技术要领。

（3）能够利用面粉、冷水调制软硬适度的冷水调面团。

（4）能够按照制作流程，在规定时间内完成馄饨的制作。

（5）培养学生养成卫生习惯并遵守行业规范。

（6）通过学习，使学生们了解我们的传统饮食文化，领略中华传统文化的博大精深，引导他们学习解悟工匠精神。

二、相关知识

[冷水面团及制品的特点]

含面筋蛋白和直链淀粉多的原料与水结合，可以使面筋形成得较好。冷水面团成品一般具有色白、滑爽、筋道的特点。

[蛋清在面团中的作用]

蛋清具有发泡性能，发泡性能可以改变面团的组织状态，可以提高成品的柔软性。

[冷水面团调制的技术要领]

1. 合理掌握掺水量

根据气候条件、面粉质量及成品的要求，掌握掺水比例。水要分次加入。若一次加水太多，面粉一时吃不进去，会造成"窝水"现象，使面粘手。

2. 揉面时要用力揉搓

冷水面团中致密的面筋网络主要是靠揉搓力量形成的，只有用力反复揉搓，面坯才能光滑，不粘手。

3. 和好面后要盖上洁净的湿布饧置。

饧面可以使面坯中未吸足水分的颗粒进一步充分吸水，更好地生成面筋网络，提高面团的弹性和光滑度，使面团更滋润，成品更爽口。

[成品标准]

馄饨口感爽滑，味道鲜美，如图1-4-1所示。

图1-4-1　馄饨

三、制作准备

[设备与工具]

（1）设备：案台、炉灶、台秤、煮锅。
（2）工具：和面盆、笊篱、手勺、餐盘。

[原料与用量]

皮料、馅料和汤料如图1-4-2~图1-4-4所示。

皮料：面粉500克、清水200~225毫升、精盐5克、玉米淀粉适量（薄面）。

(a)　　(b)　　(c)　　(d)

图1-4-2　皮料

馅料：瘦猪肉末 455 克、中等大小的虾仁 455 克、香菇 5 个、葱和姜适量、酱油 10 毫升、精盐 9 克。

图 1-4-3 馅料

汤料：紫菜 2 克，虾皮 5 克，油菜心适量。

图 1-4-4 汤料

四、制作过程

1. 制馅

制馅步骤如图 1-4-5 所示。

三鲜馄饨视频

中等大小的虾，去壳并抽去背部黑线，切丁。

(a)

把香菇在热水里泡软再切丁。

(b)

将猪肉、虾、蘑菇、葱、味精、胡椒粉、白糖、料酒、香油、姜末分别加入大碗中。

(c)

将馅料顺一个方向搅拌均匀后加精盐。

(d)

图 1-4-5 制馅步骤

2. 和面

和面步骤如图 1-4-6 所示。

将面粉倒入和面盆中并加入少许精盐。	分次加入清水拌和均匀。	揉匀搓透，调制软硬适度的面团。

(a)	(b)	(c)

图 1-4-6　和面步骤

3. 饧面

饧面将和好的面团盖一块干净的湿布，放置约 10~15 分钟，如图 1-4-7 所示。

图 1-4-7　饧面

4. 擀片

擀片步骤如图 1-4-8 所示。

在案板上撒玉米淀粉，把饧制好的面团放在案板上，按压成长方形厚片。	将厚片用擀面杖由内向外斜压，使其变薄。	将变薄的面片卷在擀面杖上，双手压擀面杖，由后向前推压使其变薄。
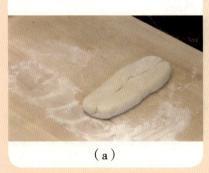		
(a)	(b)	(c)

图 1-4-8　擀片步骤

单元一 水调面团

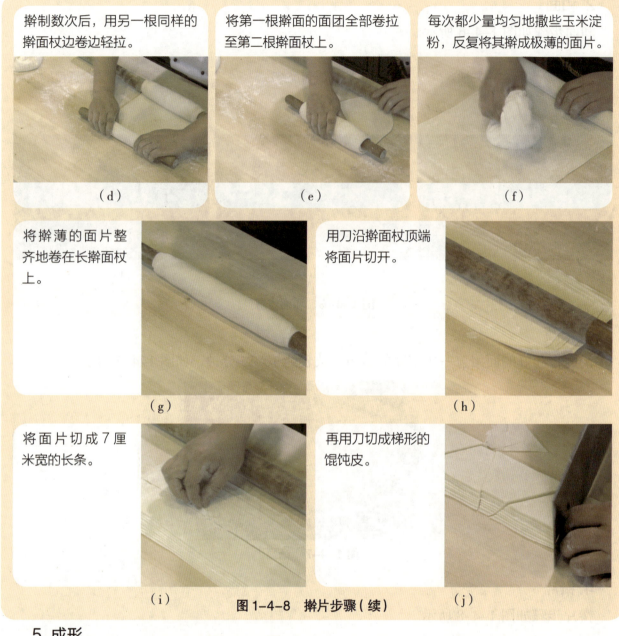

图 1-4-8 擀片步骤（续）

5. 成形

成形步骤如图 1-4-9 所示。

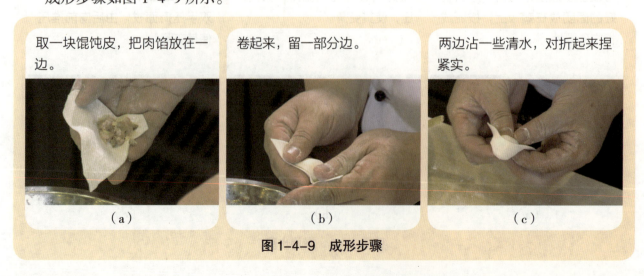

图 1-4-9 成形步骤

6. 煮制

煮制步骤如图 1-4-10 所示。

图 1-4-10 煮制步骤

（a）把煮锅洗净，加入清水烧开，加入馄饨生坯。
（b）煮制馄饨浮起。
（c）点两次清水。
（d）等再次烧开时，把油菜心放入沸水中煮烫。
（e）用笊篱把油菜心和馄饨一起捞出。

7. 装盘

将煮制好的馄饨放入加了紫菜和虾皮的碗中。

五、评价标准

评价标准见表 1-4-1。

表 1-4-1 评价标准

评价内容	评价标准	满分	得分
成形手法	馄饨采用包制成形的手法正确	20	
成品标准	口感爽滑，味鲜	50	
装盘	成品与盛装器皿搭配协调，造型美观	5	
卫生	工作完成后，工位干净整齐，工具清洗干净并摆放入位	5	
核心价值观	学习态度端正、主动性与责任意识强	10	
	能吃苦，肯钻研、讲传统、有创新	10	
	合计	100	

六、拓展任务

利用网络或者查找相关书籍，完成下列任务：

根据个人喜好改变馅心，制作各种各样口味的馄饨、如鲜肉馄饨、鲜虾馄饨、鸡丝馄饨等，如图 1-4-11 所示。

图 1-4-11　各式馄饨

任务五 葱花饼的制作

一、任务描述

[内容描述]

葱花饼是备受大众欢迎的家常面食制品。在面点厨房中，利用面粉加温水调制成软硬适度的温水面团，采用卷、盘、擀制成形的手法，通过烙制完成葱花饼的制作。

[学习目标]

（1）了解温水面团的定义及特点。

（2）能够利用面粉、温水调制软硬适度的温水面团。

（3）了解烙的定义。

（4）掌握烙制法技术要点。

（5）能够按照葱花饼制作流程在规定时间内完成葱花饼的制作。

（6）培养学生养成卫生习惯并遵守行业规范。

（7）通过课堂学习，使学生养成良好的职业习惯，并培养责任意识和职业素养。

（8）加强对学生的世界观、人生观和价值观的教育。

二、相关知识

[温水面团的定义、特点]

温水面团是用50℃左右的温水调制而成的。其特点是面团色白、有韧性，筋力比冷水面团稍差，富有可塑性，成品不易走样，口感软滑适中。温水面团适宜制作家常饼、葱花饼、烤鸭饼等。

[烙的定义]

烙就是把成形的生坯，摆放在平锅中，架在炉火上，通过金属传热的熟制法。

烙适用于水调面团、发酵面团、米粉面团、粉浆面团等制品。烙可分为干烙、刷油烙和加水烙3种。

1.干烙

制品表面和锅底既不刷油，也不加水，直接将制品入平锅内烙，叫作干烙。一般来说，干烙制品在成形时加入油、精盐等（但也有不加的，如发面饼等）。

2. 刷油烙

均与干烙相同，只是在烙的过程中，或在锅底刷少许油（数量比油煎法少），每翻动一次就刷一次；或在制品表面刷少许油，也是翻动一面刷一次。

3. 加水烙

是利用锅底和蒸汽联合传热的熟制法，做法和水油煎相似，风味也大致相同。但区别在于，水油煎法是在油煎后洒水焖熟；而加水烙法则是在干烙以后加水焖熟。加水烙在洒水前的做法，和干烙完全一样，但只烙一面，即把一面烙成焦黄色即可。

[烙制法技术要点]

1. 必须刷洗干净

烙制品基本都是通过锅底部进行传热而使制品成熟，与锅底的接触面积很大，操作前必须把锅底锅边的杂质、黑垢铲除洗净，以防在烙制时对制品造成污染。

2. 控制好火候

烙制法由于与锅底面直接接触，所以温度的升高比油还要高，稍有疏忽就很可能使制品由于过火而出现皮面焦糊的现象，所以操作时注意力要集中，应根据制品种类的不同，控制好火候。

3. 动锅位和翻动制品，使面点的各个部分受热均匀

[成品标准]

葱花饼色黄油润，外脆内软，葱香浓郁，酥脆可口，如图1-5-1所示。

图1-5-1　葱花饼

三、制作准备

[设备与工具]

（1）设备：案台、案板、炉灶、台秤、电饼铛。

（2）工具：面箩、擀面杖、刀、油刷、和面盆、餐盘。

[原料准备]

主料和辅料如图1-5-2和图1-5-3所示。

(1)主料:面粉500克、温水350毫升。

(a)

(b)

图1-5-2 主料

(2)辅料:色拉油30毫升、香葱150克、精盐5克。

(a)

(b)

(c)

图1-5-3 辅料

四、制作过程

1.和面

和面步骤如图1-5-4所示。

葱花饼视频

将面粉放入和面盆中。

分2~3次加入温水和成软面团。

饧约20分钟。

(a)

(b)

(c)

图1-5-4 和面步骤

2.搓条

搓条是指将面团放在案板上,略揉后搓条,如图1-5-5所示。

3.下剂

下剂是指将搓好的条分成五个大小均匀的剂子,如图1-5-6所示。

图 1-5-5 搓条

图 1-5-6 下剂

4. 成形

成形步骤如图 1-5-7 所示。

将面粉撒在案板上，将剂子擀成长方形薄面片。
（a）

在薄面片上刷一层油，把精盐、葱花撒在薄面片上。
（b）

将薄面片卷成卷。
（c）

用双手抓住两头轻轻抻长抻细。
（d）

从两头向中间盘卷。
（e）

摞在一起呈圆形。
（f）

用手按压面团。
（g）

略饧后，再擀成直径约 18 厘米、厚约 0.6 厘米的薄圆饼，即生坯。
（h）

将擀制好的生坯放置在案板上备用。
（i）

图 1-5-7 成形步骤

5. 熟制

熟制步骤如图 1-5-8。

（a）将饼铛烧热（180~200℃），淋上少许油。

（b）将生坯放入电饼铛内烙制。

（c）烙制过程中在饼面刷少量油。

（d）勤翻动。

（e）将饼烙至两面呈金黄色即可。

图 1-5-8　熟制步骤

6. 装盘

将烙好的饼切成三角形并装入盘中。

五、评价标准

评价标准见表 1-5-1。

表 1-5-1　评价标准

评价内容	评价标准	满分	得分
成形手法	葱花饼采用卷、盘、擀制成形的手法正确	20	
成品标准	色黄油润，外脆内软，葱香浓郁，酥脆可口	50	
装盘	成品与盛装器皿搭配协调，造型美观	5	
卫生	工作完成后，工位干净整齐，工具清洗干净并摆放入位	5	
核心价值观	学习态度端正、主动性与责任意识强	10	
	能吃苦，肯钻研、讲传统、有创新	10	
合计		100	

六、拓展任务

利用网络或者查找相关书籍，完成下列任务：

根据个人喜好，使用不同香料制作葱花饼，如孜然粉、胡椒粉和芝麻等，如图 1-5-9 所示。

图 1-5-9　使用不同香料制作而成的葱花饼

任务六 鲜肉锅贴的制作

一、任务描述

[内容描述]

胶东锅贴闻名天下，胶东人爱吃锅贴已成当地习俗。在面点厨房中，利用面粉加热水调制成软硬适度的热水面团，采用捏制成形的手法，煎制成熟，完成锅贴的制作。

[学习目标]

（1）了解热水面团的概念及调制方法。

（2）掌握热水面团的调制要领。

（3）能够利用面粉、热水调制软硬适度的热水面团。

（4）能够按照制作流程，在规定时间内完成锅贴的制作。

（5）培养学生养成卫生习惯并遵守行业规范。

（6）通过学习，让学生感受到学习知识和技能的重要性，培养学生不畏艰辛的学习态度和刻苦钻研的探索精神。

二、相关知识

[热水面团的概念及调制方法]

热水面团一般是指用沸水调制的面团，又称"烫面"。烫面的制作方法有两种。

（1）将水烧开，改用小火，往沸水中倒入面粉，用擀面杖用力搅拌均匀，烫透后出锅，放在抹过油的案板上晾凉，揉成团后即可使用。

（2）面粉放入盆中，中间开一窝形，将沸水浇入其中，并边浇边用擀面杖搅拌，基本搅拌均匀后，将面倒在抹过油的案子上，再加一些冷水揉成团，即可使用。

[调制热水面团的技术要领]

1. 掺水量要准确

调制热水面团时，水要一次掺足，不可在面成坯后再调整，补面或补水均会影响成品的质量，造成粘牙的现象。

2. 热水要浇匀并用力搅拌

热水与面粉要均匀混合，否则面坯内会出现生粉粒而影响成品的质量。当热水与面粉接触时，应及时用擀面杖将水与面粉用力搅拌均匀，否则热水包住一部分面粉，使其表面迅速糊化；而另一部分面粉被糊化的部分分割而不能吸到热水，从而形成生粉粒。

3. 散尽面坯中的热气

热水面烫好后，必须摊开冷却，再揉和成团。否则制出的成品表面粗糙，易结皮、开裂，而影响质量。

4. 烫面注意事项

烫面时，要用擀面杖搅拌，切不可直接用手，以免烫伤。

5. 和面注意事项

面团和好后，面团的表面要刷一层油，防止表面结皮。

[锅贴煎制技术要领]

操作时，首先将少量油脂加入锅内，其次放入生坯；先煎底色，再放入水（或稀粉糊）；最后盖上锅盖，使生坯成熟。

[成品标准]

锅贴底面呈深黄色，酥脆，面皮软韧，入口焦嫩，鲜香味美，如图1-6-1所示。

图1-6-1 锅贴

三、制作准备

[设备与工具]

（1）设备：案台、炉灶、台秤、电饼铛。

（2）工具：和面盆、笊篱、油刷、手勺、餐盘。

[原料与用量]

皮料、馅料、调料和辅料如图 1-6-2~ 图 1-6-5 所示。

皮料：面粉 500 克、温水 250 毫升。

(a)

(b)

图 1-6-2　皮料

馅料：瘦猪肉馅 250 克。

图 1-6-3　馅料

调料：白胡椒粉 3 克、生抽 25 毫升、精盐 3 克、姜末 5 克、香葱 100 克、香油 10 毫升。

(a)

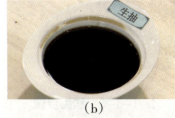
(b)

(c)

(d)

(e)

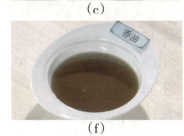
(f)

图 1-6-4　调料

辅料：清水 100 毫升，色拉油 10 毫升。

(a)

(b)

图 1-6-5　辅料

四、制作过程

1. 和面

和面步骤如图 1-6-6 所示。

鲜肉锅贴视频

(a) 将面粉过筛放入和面盆中。

(b) 分几次加入温水。

(c) 用手将面和温水迅速搅拌均匀。

(d) 揉匀搓透,调制软硬适度的温水面团。

图 1-6-6 和面步骤

2. 饧面

用湿布盖住面团,饧 30 分钟,如图 1-6-7 所示。

3. 拌馅

拌馅是指在肉馅中加入白胡椒粉、酱油、精盐、姜末,分次加入适量清水,边加边顺着一个方向搅拌,当肉馅黏稠后,加入葱花和香油即可,如图 1-6-8 所示。

图 1-6-7 饧面

图 1-6-8 拌馅

4. 搓条下剂

搓条下剂步骤如图 1-6-9 所示。

将调制好的热水面团放在案板上,搓成直径3厘米粗细均匀的剂条。 (a)	揪出质量约10克等大的剂子。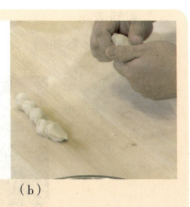 (b)

图 1-6-9 搓条下剂步骤

5. 擀皮

擀皮是指将剂子按扁,擀成直径约6厘米的圆形皮子,如图 1-6-10 所示。

图 1-6-10 擀皮

6. 成形

成形步骤如图 1-6-11 所示。

取擀制好的面皮,中间放入馅料。 (a)	将放有馅料的面皮放入左手大拇指和食指中间。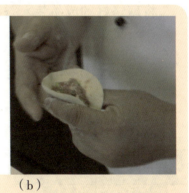 (b)
大拇指在内、其余四指在外,拇指和食指配合捏出褶。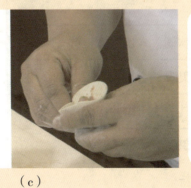 (c)	左右手配合,一边推一边捏成月牙形。 (d)

图 1-6-11 成形步骤

7. 煎制成熟

煎制成熟步骤如图 1-6-12 所示。

将电饼铛擦洗干净，烧热，淋入少量底油。
（a）

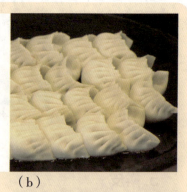
将锅贴生坯整齐码入电饼铛中煎烙。
（b）

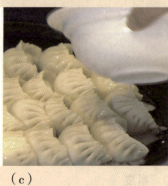
当锅贴底部稍上色时，沿锅周边倒入稀稀的面糊。
（c）

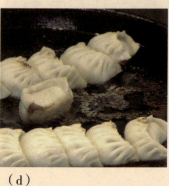
锅底水分蒸发，形成脆皮似的脆底，即可出锅。
（d）

图 1-6-12 煎制成熟步骤

8. 装盘

将煎烙好的成品装入餐盘中。

五、评价标准

评价标准见表 1-6-1。

表 1-6-1 评价标准

评价内容	评价标准	满分	得分
成形手法	捏制成形的手法正确	20	
成品标准	锅贴底面呈深黄色，酥脆，面皮软韧，入口焦嫩，鲜香味美	50	
装盘	成品与盛装器皿搭配协调，造型美观	5	
卫生	工作完成后，工位干净整齐，工具清洗干净并摆放入位	5	
核心价值观	学习态度端正、主动性与责任意识强	10	
	能吃苦，肯钻研、讲传统、有创新	10	
合计		100	

六、拓展任务

利用网络或者查找相关书籍，完成下列任务：

根据个人喜好改变馅心和形状制作各种口味、各种形状的锅贴，如鲜肉锅贴、鲜虾锅贴、鸡丝锅贴等，如图1-6-13所示。

图1-6-13　各式锅贴

任务七　烫面炸糕的制作

一、任务描述

[内容描述]

烫面炸糕是昔日京城庙会小吃品种之一。在面点厨房中，利用面粉加沸水调制成软硬适度的热水面团，采用包捏成形的手法，通过炸制完成烫面炸糕的制作。

[学习目标]

（1）了解水调面团的种类及特性。

（2）能够利用面粉、水调制软硬适度的水调面团。

（3）能按照烫面炸糕制作流程在规定时间内完成烫面炸糕的制作。

（4）培养学生养成卫生习惯并遵守行业规范。

（5）通过学习探索，力争努力将学生打造成为本专业的行家里手，培养学生们的工匠精神。

二、相关知识

[热水面团的定义]

热水面团（开水面团）又称"烫面"，一般是指用沸水调制的面坯。热水面团黏、糯、柔软而无筋，但可塑性好，制品不易走样，带馅制品不易漏汁，易成熟。热水面团成熟后，色泽较暗，呈青灰色，吃口细腻软糯易于人体消化吸收。热水面团一般适宜制作煎、炸品种，如"牛肉锅贴""炸盒子"，以及蒸饺、烧卖也用热水面团。

[热水面团调制要点]

（1）热水要浇匀。和面时，将热水浇匀可促使面粉中的淀粉均匀吸水，充分糊化产生黏性，还可使蛋白质变性，不产生筋力，而且面粉烫匀后，面团中不会夹有生粉，制品成熟后，里面也不会有白茬，表面光滑、质量好。

（2）掺水量要准确。调制热水面团时，掺水最好一次成功，不宜在成团后调整。如果水掺少了，则面粉烫不匀、烫不透，面团干硬；如果水掺多了，面团太软，不利于成形，再加生粉，既不易调匀，又影响质量。

（3）散尽面团中的热气。面粉中掺入热水，和成"雪花状"后，要将面摊开使其散尽热气；否则，面团表层会结皮、粗糙、易开裂，并且应淋入适量的冷水后再揉成团，这样糯性更好，而且不粘牙。揉搓面团时应揉匀、揉透，不可揉搓过度，以防面团筋力增加，影响烫面口感。

[炸的定义]

炸是将已经成型的面点生坯投入温度较高、油量较多的油锅中，利用油脂的热对流作用，使生坯成熟的一种方法。炸制品一般具有香、松、酥、脆、色泽金黄等特点，便于携带，易于保存，适用性较强。

炸的基本原理是：油脂能耐高温，温度来源是不断加热，加热的温度越高，时间越长，油温就越高。油炸面点一般需采用150~220℃的高温，当利用油脂作为高温传热介质时，被加热的油脂和面点进行剧烈的循环对流，浮在有油面的面点受到沸腾油脂的强烈对流作用，一部分热量被面点吸收，使其内部温度逐渐上升，水分则不断汽化蒸发，至完全排尽为止，随之生坯成熟。油脂不仅起传热作用，而且本身被吸附到面点内部，成为面点的营养成分之一。

[成品标准]

烫面炸糕色深红，表面有小珍珠泡，质感外酥脆里软糯，馅香甜，易消化，如图1-7-1所示。

图1-7-1　烫面炸糕

三、制作准备

[设备工具种类]

（1）设备：案台、案板、炉灶、台秤、煸锅、炸锅。

（2）工具：面箩、和面盆、油纸、小碗、小擀面杖、油刷、笊篱、手勺、餐盘。

[原料与用量]

皮料、馅料和辅料如图 1-7-2~ 图 1-7-4 所示。

皮料：面粉 500 克、清水 1 000 毫升、面肥 50 克、小苏打 5 克。

图 1-7-2　皮料

馅心原料：红小豆 500 克、白糖 600 克、色拉油 200 毫升、纯碱 2.2 克、玫瑰酱 50 克、熟面粉 100 克、清水 1 000 毫升。

图 1-7-3　馅料

辅料：植物油。

图 1-7-4　辅料

四、制作过程

1. 玫瑰豆沙馅的调制

玫瑰豆沙馅的调制步骤如图1-7-5所示。

汤面炸糕视频

先挑尽红小豆中的杂物,洗净盛入盆内,加入清水和少许纯碱末。
（a）

连和面盆上屉,蒸至豆烂取出。
（b）

将蒸烂的红小豆过面箩去皮,再盛入布袋压干水分。
（c）

加入白糖。
（d）

加入玫瑰酱。
（e）

锅中先放入熟的植物油200毫升,再将过面箩后的豆沙倒入锅中。
（f）

边炒边铲（以免粘锅底导致焦煳）,炒至豆沙基本稠浓时,加入炼熟的植物油,再炒。
（g）

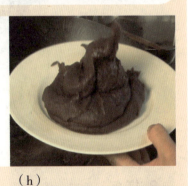
炒至豆沙浓厚状态,不粘手取出晾凉,即成玫瑰豆沙馅。
（h）

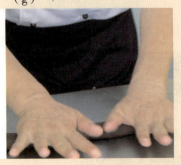
将豆沙搓成粗细均匀的条。
（i）

揪成约30克等大的剂子（约30个）。
（j）

图1-7-5 玫瑰豆沙馅的调制步骤

2. 烫面

烫面步骤如图 1-7-6 所示。

面粉过面箩后，放在油纸上。	锅上火，注入清水和香油，烧开，调成小火。	将面倒入沸水锅中，用擀面杖用力搅拌烫熟，无颗粒，不粘手后离火。
（a）	（b）	（c）
将面倒在刷过油的案板上。	略晾凉后，将面稍微按扁，在表面刷一层薄油，以防风干结皮。	待面完全凉透后，放入面肥。
（d）	（e）	（f）
加入小苏打。		揉至表面光滑，即成烫面面坯。
（g）		（h）

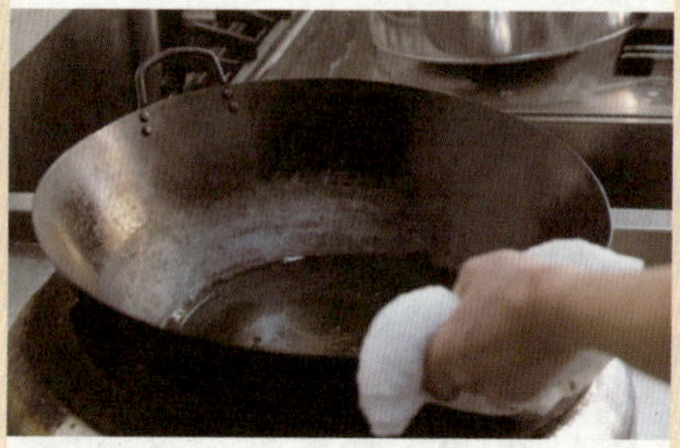

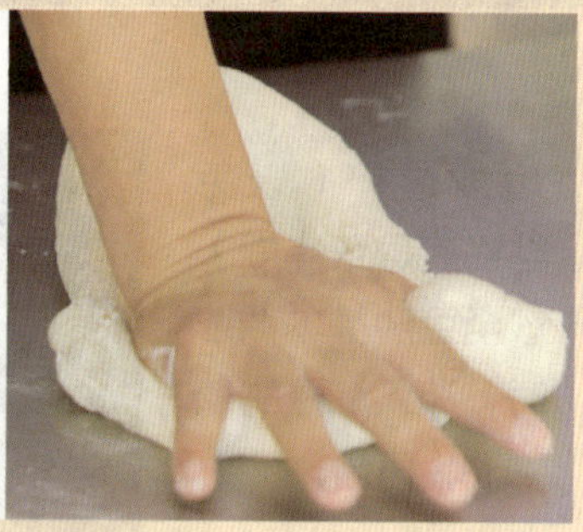

图 1-7-6　烫面步骤

3. 搓条

搓条是指将面坯搓成粗细均匀的剂条，如图 1-7-7 所示。

图 1-7-7　搓条

4. 下剂

下剂是指将面团揪成质量约 30 克的剂子，如图 1-7-8 所示。

5. 制皮

制皮是指将剂子用手按成直径约 7 厘米的圆皮，如图 1-7-9。

图 1-7-8　下剂

图 1-7-9　制皮

6. 成形

成形步骤如图 1-7-10 所示。

将豆沙馅心放入面皮中心。

（a）

包馅时要包正，成形时收口要严，收口朝下，以免馅心溢出。

（b）

用手掌根将其压扁，制成炸糕生坯。

（c）

按压生坯时，用力均匀，使其薄厚均匀。

（d）

用油刷在生坯表面刷一层油。

（e）

图 1-7-10　成形步骤

7. 熟制

熟制步骤如图 1-7-11 所示。

(a) 先将生坯码放在漏勺中。

(b) 锅中注入油,当油烧至七成熟时,放入生坯进行炸制。

(c) 待生坯浮上油面、色泽金黄时用漏勺捞出。

(d) 将炸好的炸糕放入带有吸油纸的盘中,吸干油脂。

图 1-7-11　熟制步骤

8. 装盘

将做好的炸糕装入盘中。

五、评价标准

评价标准见表 1-7-1。

表 1-7-1　评价标准

评价内容	评价标准	满分	得分
成形手法	烫面炸糕采用包捏成形的手法正确	20	
成品标准	色深红,表面有小珍珠泡,质感外酥脆里软糯,馅香甜,易消化	50	
装盘	成品与盛装器皿搭配协调,造型美观	5	
卫生	工作完成后,工位干净整齐,工具清洗干净并摆放入位	5	
核心价值观	学习态度端正、主动性与责任意识强	10	
	能吃苦、肯钻研、讲传统、有创新	10	
	合计	100	

六、拓展任务

利用网络或者查找相关书籍，完成下列任务：

制作符合个人口味的烫面炸糕，可以在表层沾上白糖或精盐；为了使其味道更香，也可以在外面拍点芝麻粉，如图 1-7-12 所示。

图 1-7-12　符合个人口味的烫面炸糕

任务八 萝卜丝饼的制作

 一、任务描述

[内容描述]

萝卜丝饼是济南传统的较为精细的面食品种,各大酒店、酒楼、饭庄均有出售,备受群众欢迎。在面点厨房中,利用面粉加冷水调制成软硬适度的水调面团,采用叠卷成形的手法,一个个"萝卜丝饼"就叠卷成了。

[学习目标]

(1)了解熟制技法——煎。
(2)能够掌握煎制技术要领。
(3)能够利用面粉、冷水调制软硬适度的冷水面团。
(4)能够按照制作流程,在规定时间内完成萝卜丝饼的制作。
(5)培养学生养成卫生习惯并遵守行业规范。
(6)通过学习,使学生们了解我们的传统饮食文化,领略中华传统文化的博大精深,引导他们学习解悟工匠精神。

 二、相关知识

[熟制技法——煎]

煎是利用油脂及锅体的热传递使生坯成熟的方法,根据制品特点,可分为油煎和水煎两种。煎制品具有香脆、柔软、油滑、光亮等特点。

油煎适合于易成熟或复加热的制品,如煎班戟、煎三鲜豆皮、煎年糕、煎萝卜糕等。油煎的方法是先将锅体烧热,淋上油,放入生坯,先煎一面至金黄色后,再翻过去将另一面煎至金黄。油煎一般不需要加锅盖,要注意移动锅位,使制品上色均匀、香脆油亮。

水油煎适合于较难成熟的制品,入水煎包、锅贴、馅饼等。水油煎是集蒸煎、油煎于一体的使制品成熟的一种方法。其方法是先将锅体烧热,抹上一层薄油,将生坯从锅的四周向中间摆放整齐,稍煎后淋入或洒上清水(或粉浆),加盖焖煮至水干后,再淋入尾油煎至底部金黄。水油煎一般都不翻身，不挪动位置。成品具有底部金黄、香脆，上部柔软、色白、油润的特点。

[煎制技术要领]

1. 火力要均匀

煎制时，为使生坯受热均匀，要经常移动锅位，或移动生坯位置，防止焦煳。还要掌握好翻生坯的次数和时机，翻生坯的次数和时机要视火力，品种大小、厚薄而定，要使制品成熟得恰到好处，保证成品的特色和风味。

2. 油量要适当

锅底抹油不宜过多，以薄薄的一层为宜。个别品种需要油较多的，也不宜超过生坯厚度的一半，否则制品水分挥发过多，失去煎制品的特色。

3. 放水量要掌握好

采用水油煎法时，放水量及次数要视制品成熟的难易程度而定。放水后要及时加盖焖热，防止出现夹生现象。

[成品标准]

萝卜丝饼以萝卜丝为主料制馅，水调面做皮，香酥软绵，制品外皮酥脆，色泽美观，馅料鲜嫩，咸香可口，如图1-8-1所示。

图1-8-1　萝卜丝饼

三、制作准备

[设备与工具]

（1）设备：案台、电饼铛、烤箱。

（2）工具：和面盆、电子秤、面箩、擀面杖、刀、擦床、配菜盘、油刷、餐盘。

[原料与用量]

皮料和馅料如图1-8-2和图1-8-3所示。

皮料：面粉500克、冷水280毫升、精盐5克、猪油150克、香油50毫升。

图1-8-2　皮料

馅料：象牙白萝卜500克、猪油150克、大葱100克、火腿50克、精盐7.5克、香油30毫升、白糖5克。

图1-8-3　馅料

四、制作过程

1. 制馅

制馅步骤如图1-8-4所示。

萝卜丝饼视频

象牙白萝卜洗净去皮，擦成细丝。

（a）

加入精盐腌制，腌制完成后，取出，沥去水分，水分不宜挤干。

（b）

将火腿切成粒。

（c）

将猪油去皮切丁。

（d）

将葱切成葱花。

（e）

将萝卜丝和上述辅料放置盆内拌匀。

（f）

将备好的料盖上保鲜膜放入冰箱备用。

（g）

图1-8-4　制馅步骤

2. 和面

和面步骤如图 1-8-5 所示。

将面粉放入和面盆内,加入精盐。
(a)

分 3~4 次加入冷水,用抄拌手法将面粉拌和均匀。
(b)

将面揉匀揉透,和成软硬适度的水调面团。
(c)

图 1-8-5 和面步骤

3. 饧面

饧面是指将和好的面团盖上保鲜膜,放置 10~15 分钟,如图 1-8-6 所示。

图 1-8-6 饧面

4. 搓条

搓条是指将面团搓成长条,如图 1-8-7 所示。

5. 下剂

下剂是指将搓好的长条揪成质量约 20 克的剂子,如图 1-8-8 所示。

图 1-8-7 搓条

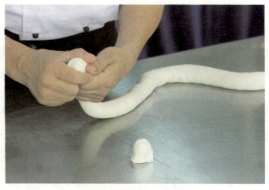

图 1-8-8 下剂

6. 成形

成形步骤如图 1-8-9 所示。

把每个剂子搓成一头粗一头细的长剂。	将长剂均匀码放在油盘里（油要没过剂子）。	饧制 1 小时左右，备用。
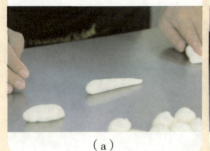 (a)	 (b)	 (c)
把饧好的面剂，放置于刷过油的案板上。	用手轻轻按平并拉长。	用擀面杖将面剂子擀开。
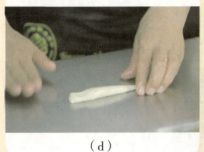 (d)	 (e)	 (f)
将面皮窄头放置左手食指与虎口之间。	右手辅助将面皮抻长抻薄（抻制时，力度适当，确保抻薄不破）。	将 50 克萝卜丝馅放置在面皮宽头。
 (g)	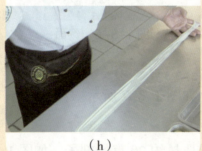 (h)	 (i)
用叠卷手法将馅料从右向左卷起。	包卷时不宜过紧，应包入适量空气，呈圆球状。	将包卷后的生坯放入刷过油的盘中，表面再刷上一层薄油。
 (j)	 (k)	 (l)

图 1-8-9　成形步骤

7. 煎制

煎制步骤如图 1-8-10 所示。

（a）将电饼铛烧热，抹上一层薄油。

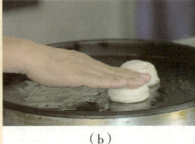
（b）将生坯放入电饼铛内，用手轻按成圆饼形（按压饼坯时，力量轻柔，厚度不宜过薄）。

（c）上色后翻面，均匀淋入少量清水。

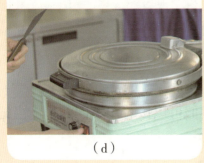
（d）加盖焖煮至水干。

（e）煎制过程中在饼面刷少量油。

（f）饼煎制呈两面金黄，取出放入烤盘内。

图 1-8-10　煎制步骤

8. 烤制和装盘

烤制和装盘步骤如图 1-8-11 所示。

（a）将烤盘放入温度为 220~240℃ 的烤箱内，烤制 5 分钟左右即可（使制品香酥软绵）。

（b）将成品取出并装盘。

图 1-8-11　烤制和装盘步骤

五、评价标准

评价标准见表1-8-1。

表1-8-1 评价标准

评价内容	评价标准	满分	得分
成形手法	萝卜丝饼采用叠卷成形的手法正确	20	
成品标准	萝卜丝饼以萝卜丝为主料制馅,水调面做皮,香酥软绵,制品外皮酥脆,色泽美观,馅料鲜嫩,咸香可口	50	
装盘	成品与盛装器皿搭配协调,造型美观	5	
卫生	工作完成后,工位干净整齐,工具清洗干净并摆放入位	5	
核心价值观	学习态度端正、主动性与责任意识强	10	
	能吃苦,肯钻研、讲传统、有创新	10	
合计		100	

六、拓展任务

利用网络或者查找相关书籍,完成下列任务:

不同品种的萝卜在我国各地区的种植非常普遍,课后同学们可以试着用不同的萝卜当馅心,制作出不同口味的萝卜丝饼,如图1-8-12所示。

图1-8-12 各式萝卜丝饼

单元二　膨松面团

单元导读

一、任务内容

本单元介绍膨松面团的相关知识和技能。

膨松面团分为生物膨松面团、化学膨松面团和物理膨松面团三种。

生物膨松面团具有体积疏松膨大，质地细密暄软，组织结构成海绵状，成品味道香醇适口的特点，适宜制作葱香花卷、荷叶卷、提褶包子、三丁包和水煎包等。

化学膨松面团具有体积疏松多孔，呈蜂窝或海绵状组织结构，适宜制作油条和蛋黄莲蓉甘露酥等。

物理膨松面团具有体积疏松膨大，组织细密暄软，结构多孔呈海绵状，成品蛋香味浓郁的特性，适宜制作什锦木樨糕和各式蛋糕等。

二、任务简介

用胎膜成形的手法制作什锦木樨糕；用叠和挤压成形的手法制作葱香花卷；用折叠成形的手法制作荷叶卷；用提褶捏成形的手法制作提褶包子、水煎包、三丁包；用切、叠、压成形的手法制作油条；用包制成形的手法制作蛋黄莲蓉甘露酥。

三、职业素养与核心价值观

本单元的学习是在单元一的基础上进行实施的，在操作中明确的操作规范和使用规范，使学生养成良好的职业习惯，并培养责任意识和职业素养。从中潜移默化地融入课程思政要素，培养学生的专业精神和职业精神。提高了学生们的思想认识，使学生更加积极的面对人生，对学生的未来成长起到了积极重要的作用。

 # 任务一 什锦木樨糕的制作

一、任务描述

[内容描述]

什锦木樨糕又名蒸制蛋糕，是广式茶楼常见的点心品种，亦是港式马拉糕的一种，深受顾客喜爱。在面点厨房中，利用面粉、鸡蛋、白糖等调制成物理膨松面糊，采用模具成形的方法，蒸制成熟，完成什锦木樨糕的制作。

[学习目标]

（1）了解什么是物理膨松面团。

（2）掌握物理膨松面团的原理及影响物理膨松效果的因素。

（3）能够利用面粉、鸡蛋、白糖调制膨松面团。

（4）能够按照制作流程，在规定时间内完成什锦木樨糕的制作。

（5）培养学生养成卫生习惯并遵守行业规范。

（6）通过课堂学习，使学生养成良好的职业习惯，并培养责任意识和职业素养。

（7）传承中华饮食文化，强化学生文化自信，激发学生的民族精神和爱国主义。

二、相关知识

[物理膨松面团]

（1）物理膨松面团的概念。

物理膨松面团是用物理膨松法（又称调搅法）调制成的面团，一般是将鸡蛋液用机械或人工力量高速搅拌，把大量空气打入蛋液中，然后加入面粉调制成面团，制品在熟制过程中由于气体受热膨胀而变得松软。

（2）物理膨松面团的原理。

鸡蛋蛋白质主要由蛋清蛋白和蛋黄蛋白组成。蛋清蛋白的主要功能是促进食物的凝结胶形、发泡和成形，具有良好的起泡性能。通过一个方向的高速抽打，蛋清蛋白的表面张力被破坏，黏度增加，有利于空气进入而形成泡沫，并将其保持在内部。由于不断抽打，黏蛋白和其他蛋白发生局部变性，凝结成蛋白薄膜，将打入的空气包裹起来。由于蛋白胶

体的黏性，空气被稳定地保持在蛋泡内，当受热后空气膨胀，因而成品便疏松多孔、柔软而有弹性了。

在蛋清蛋白中加入白糖和甘油后，其黏度增大，起泡性减小，但泡沫的稳定性增强。在蛋清蛋白中，加入白糖可防止其过度起泡，并且添加白糖的量越多，泡沫越稳定；在蛋清蛋白中加入蛋黄、精盐、酒石酸和油后则难以起泡，特别是油脂更能抑制其起泡性能。

（3）影响物理膨松效果的因素。

①鸡蛋的质量：新鲜的鸡蛋挥发少，含氮物质量高，胶体溶液的浓稠度强，能搅打进较多的气体，且保护气体的性能也稳定；存放时间过久的蛋和散黄蛋均会导致膨松效果受到限制。

②面粉的质量：调制物理膨松面团，宜用物质细、筋力不太高的面粉。有时为了降低面粉的筋力，使成品更暄软、美观，要将面粉先在笼内蒸熟，然后再取出晾凉，擀碎过面箩，这样的面粉掺入蛋液后不会形成面筋，有利于松发。

③温度：蛋液在30℃左右时松发性能最好，形成的气泡最为稳定。温度太高、太低都会影响松发效果。所以冬天常将打蛋桶置于热水中，使蛋液的温度升高，以增加膨松效果。

[成品标准]

什锦木樨糕色泽金黄，质地绵软，口味甜香，带有蛋和果脯的香味，如图2-1-1所示。

图2-1-1　什锦木樨糕

三、制作准备

[设备与工具]

（1）设备：案台、案板、炉灶、台秤、搅拌机。

（2）工具：竹笼屉、面箩、打蛋器、和面盆、蛋桶、专用模具、菜刀、油刷、手勺、尺板、餐盘。

[原料与用量]

主料和辅料如图2-1-2和图2-1-3所示。

主料：鸡蛋14个、白糖700克、熟面粉450克。

图2-1-2 主料

辅料：糖桂花10克、葡萄干20克、青梅10克、京糕条10克、瓜条10克、杏脯10克、可可粉50克、香兰素3克。

图2-1-3 辅料

四、制作过程

1. 切果料

将青梅、京糕条、瓜条、杏脯分别切成小粒装盘备用，如图2-1-4所示。

图2-1-4 切果料

什锦木樨糕
视频

2. 调制蛋糕

调制蛋糕步骤如图 2-1-5 所示。

先将鸡蛋打开，放入干净的蛋桶内。	加入白糖。	用打蛋器搅打蛋液，使之互溶、均匀乳化成乳白色泡沫状。
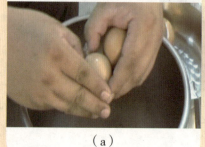 （a）	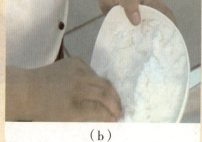 （b）	 （c）
先倒出少许面浆。	在少许面浆中加入可可粉搅匀备用。	在蛋桶内加入香兰素。
 （d）	 （e）	 （f）
再加入糖桂花搅匀。	徐徐加入熟面粉（一边加入面粉，一边轻轻搅拌，避免面浆起筋）。	在面浆中加入各种果料拌匀。
 （g）	 （h）	 （i）

图 2-1-5　调制蛋糕步骤

3. 制坯

制坯步骤如图 2-1-6。

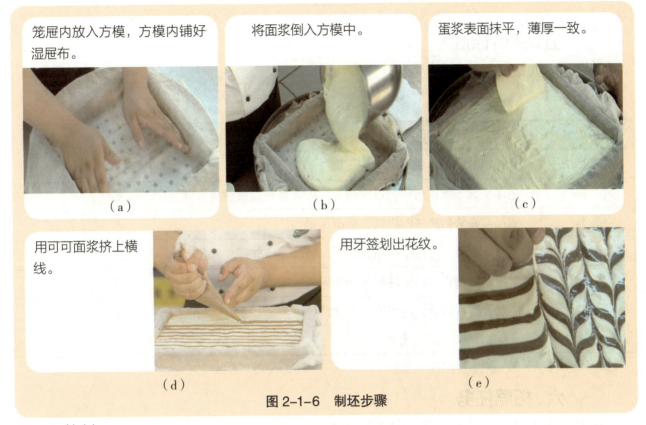

图 2-1-6　制坯步骤

4. 熟制

熟制是指上屉蒸制 20 分钟，如图 2-1-7 所示。

图 2-1-7　熟制

5. 成形

成形步骤如图 2-1-8 所示。

图 2-1-8　成形步骤

6. 装盘

将什锦木樨糕装入盘中即可食用。

五、评价标准

评价标准见表 2-1-1。

表 2-1-1　评价标准

评价内容	评价标准	满分	得分
成形手法	什锦木樨糕模具成形的方法正确	20	
成品标准	色泽金黄，质地绵软，口味甜香，带有蛋香及果脯的香味	50	
装盘	成品与盛装器皿搭配协调，造型美观	5	
卫生	工作完成后，工位干净整齐，工具清洗干净并摆放入位	5	
核心价值观	学习态度端正、主动性与责任意识强	10	
核心价值观	能吃苦，肯钻研、讲传统、有创新	10	
合计		100	

六、拓展任务

利用网络或者查找相关书籍，完成下列任务：

根据个人喜好制作不同口味不同形状的十锦木樨糕。

 ## 葱香花卷的制作

 ### 一、任务描述

[内容描述]

松软精致、有滋有味的小花卷，很合适早餐食用。在面点厨房中，利用面粉加酵母用温水调制成软硬适度的酵母膨松面团，采用叠和挤压成形的手法蒸制成熟，完成葱香花卷的制作。

[学习目标]

（1）了解什么是酵母膨松面团及成品特点。

（2）能够利用酵母、温水调制软硬适度的酵母膨松面团。

（3）能按照制作流程，在规定时间内完成花卷的制作。

（4）培养学生养成卫生习惯和行业规范。

（5）通过学习，增强学生们爱岗敬业、吃苦耐劳的高尚品德，同时激发学生对专业学习的自信心，提高学生的责任意识和职业素养。

 ### 二、相关知识

[酵母膨松面团及其成品特点]

面团的发酵是利用酵母菌（或面肥）在适当的温度、湿度等外界条件和淀粉酶的作用下，使面团中充满气体，形成均匀、细密的海绵状组织结构。行业中常常称其为发面、发酵面或酵母膨松面团。

酵母膨松面团的成品特点：成品色泽洁白、体积疏松膨大，质地细密松软，组织结构呈海绵状，成品味道香醇适口。其代表品种有各式馒头、花卷、包子等。

[酵母膨松面团的调制要领]

1. 控制好酵母与面粉比例

酵母以占面粉的 1%~1.5% 为宜。

2. 控制好白糖的用量

适当的白糖可以为酵母菌的繁殖提供养分，促进面坯发酵；但白糖的用量不能太多，因

为糖的渗透压作用会使酵母菌细胞破裂，妨碍酵母菌繁殖，从而影响发酵。

3. 控制好面粉与水的比例

含水量多的软面团，产气性好，保持气体的能力差；含水量少的硬面团，保持气体的能力好，产气性差。所以面与水的比例以 2∶1 为宜。

4. 控制合适的水温

和面时，水的温度对面坯的发酵影响很大，水温太低或太高都会影响面团的发酵，冬季可将水温适当提高；而夏季则可以使用凉水。

5. 控制好饧面时的温度

35℃左右是酵母菌发酵的理想温度。

[花卷蒸制时的技术要领]

（1）蒸制包子时，蒸锅中的水量要适宜。水量过多，水沸腾后冲击笼底，易使处于笼底的制品浸水僵死；水量过少，一是容易干锅，二是产生的水蒸气容易从笼底流失，造成制品夹生、粘牙等不良后果。

（2）在蒸制包子时，如果是加好纯碱的发酵面团，适宜大气旺火蒸，如果是没有完全饧制好的酵母面团，可以冷水蒸制。

[成品标准]

葱香花卷形状美观，色泽洁白，入口松软，如图 2-2-1 所示。

图 2-2-1　葱香花卷

三、制作准备

[设备与工具]

（1）设备：案台、案板、炉灶、台秤、蒸锅。

（2）工具：和面盆、笊篱、手勺、餐盘。

[原料与用量]

皮料和辅料如图 2-2-2 和图 2-2-3 所示。

皮料：面粉 500 克、酵母 8 克、泡打粉 5 克、白糖 15 克、温水 250 毫升。

图 2-2-2　皮料

辅料：香葱 20 克、色拉油 10 毫升。

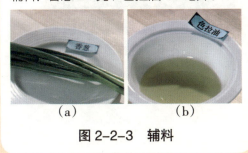

图 2-2-3　辅料

四、制作过程

1. 和面

和面步骤如图 2-2-4 所示。

葱香花卷视频

将面粉、泡打粉拌匀过筛后倒入盆中。
(a)

在和面盆中加入白糖。
(b)

将酵母用温水化开，徐徐倒入盆内。
(c)

将盆中的面粉抄拌成雪花片状。
(d)

将面粉揉匀搓透，调制成软硬适度的膨松面团。
(e)

图 2-2-4　和面步骤

2. 饧面

将和好的面团盖一块干净的湿布，饧 10~20 分钟，如图 2-2-5 所示。

3. 将香葱切末

将香葱切末如图 2-2-6 所示。

图 2-2-5 饧面

图 2-2-6 将香葱切末

4. 成形

成形步骤如图 2-2-7 所示。

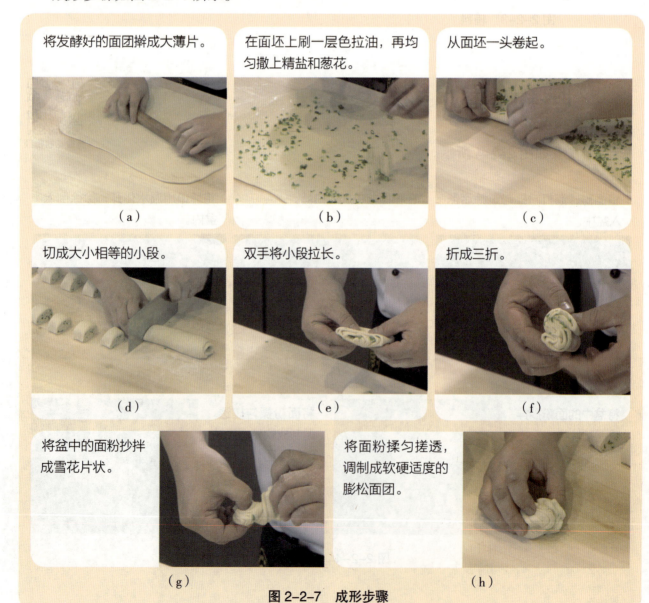

图 2-2-7 成形步骤

5. 蒸制

将花卷生坯放入刷过油的笼屉内,用旺火蒸制 15 分钟,如图 2-2-8 所示。

图 2-2-8 蒸制

6. 装盘

将蒸制好的成品装入餐盘中。

五、评价标准

评价标准见表 2-2-1。

表 2-2-1 评价标准

评价内容	评价标准	满分	得分
成形手法	葱香花卷采用叠和挤压成形的手法正确	20	
成品标准	形状美观,色泽洁白,入口松软	50	
装盘	成品与盛装器皿搭配协调,造型美观	5	
卫生	工作完成后,工位干净整齐,工具清洗干净并摆放入位	5	
核心价值观	学习态度端正、主动性与责任意识强	10	
	能吃苦,肯钻研、讲传统、有创新	10	
合计		100	

六、拓展任务

利用网络或者查找相关书籍,完成下列任务:

(1)根据个人喜好改变口味,制作各种口味的花卷,如咸味火腿花卷、腐乳香葱花卷、甜香花生酱花卷等,如图 2-2-9 所示。

图 2-2-9　各式花卷

（2）从营养和色彩的角度，可以添加紫米面、南瓜泥、菠菜汁、紫薯泥等制作多彩花卷，如图 2-2-10 所示。

图 2-2-10　多彩花卷

任务三 荷叶卷的制作

一、任务描述

[内容描述]

清新雅致的花样面点荷叶卷,在宴席上出现的频率常常高于卷烧鸡或烤鸭丝,再辅以甜面酱、葱等食用。在面点厨房中,利用面粉加酵母用温水调制成软硬适度的膨松调面团,采用折叠成形的手法,蒸制成熟,一个个形似荷叶的荷叶卷就制作成功了。

[学习目标]

(1)掌握折叠成形手法的技术要领。
(2)能够利用面粉加酵母用温水调制成软硬适度的膨松调面团。
(3)能够按照制作流程,在规定时间内完成荷叶卷的制作。
(4)培养学生养成卫生习惯并遵守行业规范。
(5)通过课堂学习,增强学生对本专业的学习意识,对树立正确的人生观和价值观起到了引领作用,培养学生的专业精神和职业精神。

二、相关知识

[折叠成形手法的技术要领]

叠即折叠,是与擀相结合的一种工艺技法,常用于酵面制品中的成形或起层。在操作中,无论是小剂的成形还是大块的起层叠,都必须做到:

(1)擀片时要厚薄一致,光滑平整,并要根据制品要求掌握好尺寸。
(2)抹油要掌握用量,不可过多也不可不足,恰到好处为佳,而且要抹匀。
(3)折叠时要注意边线对齐。

酵面制品在制作中采用叠的方法有两种类型,一种是用叠的方法制成小型的花卷类,如荷叶卷、猪蹄卷等;另一种是用较大块的面,经擀叠加工定型成较大的饼或糕,成熟后改刀成规格的块形,如千层饼、千层糕等。

[膨松面团中加糖的作用]

(1)供给酵母菌养料,调节主坯发酵速度,使酵母膨松性主坯起发增白。
(2)保持成品的柔软性。

[油脂在面点中的作用]

使主坯润滑、分层或起酥发松。

[成品标准]

荷叶卷色泽洁白，大小均匀，外形美观，入口松软，如图 2-3-1 所示。

图 2-3-1　荷叶卷

三、制作准备

[设备与工具]

（1）设备：案台、案板、炉灶、台秤、笼屉、蒸锅。
（2）工具：和面盆、油刷、刮板、梳子、尺子、餐盘。

[原料与用量]

皮料和辅料如图 2-3-2 和图 2-3-3 所示。

皮料：面粉 500 克，酵母 8 克，泡打粉 5 克，白糖 15 克，温水 275 毫升。

(a)　(b)　(c)　(d)　(e)

图 2-3-2　皮料

辅料：色拉油 10 克。

图 2-3-3　辅料

| 任务三 荷叶卷的制作 | 77

 四、制作过程

1. 和面

和面步骤如图 2-3-4 所示。

（a）将泡打粉、面粉过筛放在案板上开窝，窝中加入酵母、糖。

（b）分次加入温水拌和均匀。

（c）将面粉拌和成雪花片状。

（d）将面揉匀揉透，调制成软硬适度的膨松面团。

图 2-3-4 和面步骤

2. 饧面

饧面是指将和好的面团盖一块干净的湿布，饧 15~20 分钟，如图 2-3-5 所示。

图 2-3-5 饧面

3. 成形

成形步骤如图 2-3-6 所示。

荷叶卷视频

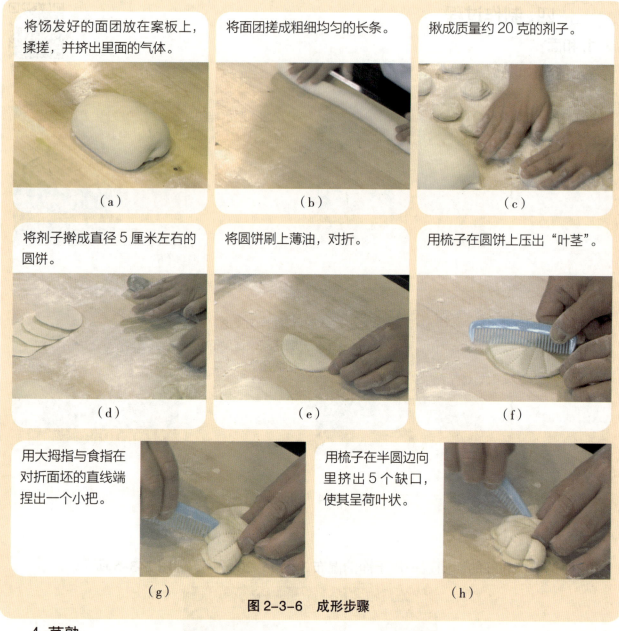

(a) 将饧发好的面团放在案板上,揉搓,并挤出里面的气体。
(b) 将面团搓成粗细均匀的长条。
(c) 揪成质量约 20 克的剂子。
(d) 将剂子擀成直径 5 厘米左右的圆饼。
(e) 将圆饼刷上薄油,对折。
(f) 用梳子在圆饼上压出"叶茎"。
(g) 用大拇指与食指在对折面坯的直线端捏出一个小把。
(h) 用梳子在半圆边向里挤出 5 个缺口,使其呈荷叶状。

图 2-3-6 成形步骤

4. 蒸熟

蒸熟步骤如图 2-3-7 所示。

(a) 将荷叶卷生坯放入铺有屉布的笼屉内。

(b) 用旺火蒸 10 分钟。

图 2-3-7 蒸熟步骤

5. 装盘

将蒸制好的成品装入餐盘中。

五、评价标准

评价标准见表2-3-1。

表2-3-1 评价标准

评价内容	评价标准	满分	得分
成形手法	荷叶卷采用折叠成形的手法正确	20	
成品标准	色泽洁白，大小均匀，外形美观，入口松软	50	
装盘	成品与盛装器皿搭配协调，造型美观	5	
卫生	工作完成后，工位干净整齐，工具清洗干净并摆放入位	5	
核心价值观	学习态度端正、主动性与责任意识强	10	
	能吃苦，肯钻研、讲传统、有创新	10	
合计		100	

六、拓展任务

利用网络或者查找相关书籍，完成下列任务：

从营养和色彩的角度，可以添加制作营养丰富、色彩美观、形状各异的各式荷叶卷，如图2-3-8所示。

图2-3-8 各式荷叶卷

任务四 提褶包子的制作

 一、任务描述

[内容描述]

提褶包子是深受大众喜欢的家常面食制品。在面点厨房中，利用面粉加酵母用温水调制成软硬适度的膨松面团，采用提褶捏成形的手法将其蒸制成熟，完成提褶包子的制作。

[学习目标]

（1）了解生物膨松面团概念。
（2）能够利用面粉、酵母加温水调制软硬适度的生物膨松面团。
（3）能够按照制作流程，在规定时间内完成提褶包子的制作。
（4）培养学生养成卫生习惯并遵守行业规范。
（5）通过学习，使学生们了解我们的传统饮食文化，领略中华传统文化的博大精深，引导他们学习解悟工匠精神。

 二、相关知识

[生物膨松面团概念]

生物膨松面坯是指在面坯中引入酵母菌，酵母菌在适当的温度、湿度等外界条件和淀粉酶的作用下发生生物化学反应，使面坯中充满气体，形成均匀、细密的海绵状组织结构。行业中常常称为发面、酵发面或酵母膨松面坯。

生物膨松面坯具有色泽洁白、体积疏松膨大，质地细密暄软，组织结构成海绵状，成品味道香醇适口的特点。其代表品种有各式馒头、花卷、包子。

[生物膨松面团调制]

（1）原料：干酵母、面粉、温水、猪油、白糖、精盐、鸡蛋、牛奶。
（2）调制方法：调制面团时，先要对酵母进行活化处理，方法是将酵母放入容器内加入少量温水（25~30℃为宜）以及少量白糖、面粉，调成稀糊浆状，放置15分钟左右，见表面有气泡产生即可。将经活化的酵母放入调粉缸中，加入面粉、温水、白糖、精盐等原料，充分揉匀、揉透，至面团光滑后盖上湿布静置发酵

（3）生物膨松面坯工艺要领。
①掌握酵母与面粉的比例。

②严格控制白糖的数量。
③适当调节水与面粉的比例。
④根据气候，采用适合的水温。
⑤根据气候，注意环境温度的调节。
⑥保证饧发时间。

[成品标准]

提褶包子外皮洁白绵软，提褶均匀美观，馅心鲜香，质地爽脆，口味咸鲜，如图2-4-1所示。

图2-4-1　提褶包子

三、制作准备

[设备与工具]

（1）设备：蒸笼、饧箱、工作台。
（2）工具：和面盆、擀面杖、刮板、尺板、油盆、油刷、马斗、餐盘。

[原料与用量]

皮料、主料和调料如图2-4-2~图2-4-4所示。

皮料：面粉500克、清水300毫升、干酵母10克、白糖25克。

图2-4-2　皮料

主料：肥瘦猪肉馅500克、葱100克、姜5克、清汤200毫升、马蹄100克。

图2-4-3　主料

调料：精盐7克、酱油25毫升、香油20毫升、味精3克、白糖2.5克、胡椒粉0.5克、猪油50克、料酒10毫升。

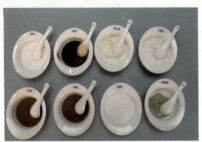

图2-4-4　调料

四、制作过程

1. 制馅

制馅步骤如图 2-4-5 所示。

（a）将猪肉馅放入和面盆内，加入白糖、胡椒粉、料酒和酱油。

（b）汤要分次打入，第一次打入要使馅吃透水分，然后再打入第二次。

（c）打匀后加入猪油、葱、姜、马蹄和香油。

（d）加精盐，搅拌均匀，盖上保鲜膜，放入冰箱备用。

图 2-4-5　制馅步骤

2. 和面

和面步骤如图 2-4-6 所示。

（a）将面粉过面箩放入盆内。

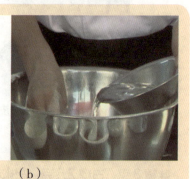
（b）加入酵母、白糖，水（30℃左右）分两至三次倒入盆内。

（c）用抄拌法将面粉抄拌成雪花片状。

（d）将面揉匀揉透，和成软硬适度的水调面团。

图 2-4-6　和面步骤

3. 饧面

将和好的面团盖上一块干净的湿布,放置于室温中饧面 20~30 分钟,如图 2-4-7 所示。

4. 搓条

将发面团搓成粗细均匀的条状,如图 2-4-8 所示。

图 2-4-7　饧面

图 2-4-8　搓条

5. 下剂

将条状发面团揪成大小一致、质量约 50 克的剂子,如图 2-4-9 所示。

6. 制皮

将剂子按扁,用擀面杖擀成外薄内略厚、直径 8~10 厘米的圆形面皮,如图 2-4-10 所示。

图 2-4-9　下剂

图 2-4-10　制皮

7. 上馅

左手拿面皮、右手拿尺板,将馅心装入面皮内,如图 2-4-11 所示。

图 2-4-11　上馅

8. 成形

成形步骤如图 2-4-12 所示。

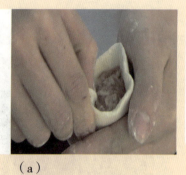
用左手托起呈碗状，用右手大拇指、食指捏住面皮边缘提起，从右至左捏褶。

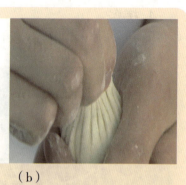
捏褶要均匀。

（a）　　　　　　　　　　　（b）

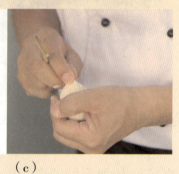
封口要严紧，不破皮露馅，要求达到 18~24 个褶。

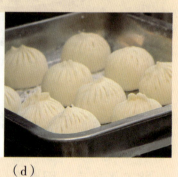
将包好的包子生坯放入饧盘内。

（c）　　　　　　　　　　　（d）

图 2-4-12　成形步骤

9. 饧制

将包好的包子生坯放入饧箱（饧箱的温度 30~40℃，湿度 80%~85%，时间 10~15 分钟，根据气温而定），如图 2-4-13 所示。

图 2-4-13　饧制

10. 熟制

熟制步骤如图 2-4-14 所示。

| | (a) | (b) | (c) |

将包子生坯均匀码入屉中。

蒸制过程中不要开盖,旺火沸水蒸15分钟即成。

将蒸制好的包子拿出锅。

图 2-4-14　熟制步骤

11. 装盘

将蒸制好的包子放入餐盘中。

五、评价标准

评价标准见表 2-4-1。

表 2-4-1　评价标准

评价内容	评价标准	满分	得分
成形手法	提褶包子采用提褶捏的成形手法正确	20	
成品标准	外皮洁白绵软,提褶均匀美观,馅心鲜香,质地爽脆,口味咸鲜	50	
装盘	成品与盛装器皿搭配协调,造型美观	5	
卫生	工作完成后,工位干净整齐,工具清洗干净并摆放入位	5	
核心价值观	学习态度端正、主动性与责任意识强	10	
	能吃苦,肯钻研、讲传统、有创新	10	
合计		100	

六、拓展任务

利用网络或者查找相关书籍,完成下列任务:

(1)制作出不同馅品种的提褶包,如包菜猪肉馅、蒜苗猪肉馅等。

(2)可以添加青萝卜汁、黑米汁、菠菜汁、南瓜汁等制作营养丰富、色彩美观的多彩提褶包子,如图2-4-15所示。

图2-4-15 多彩提褶包子

任务五 三丁包的制作

一、任务描述

[内容描述]

三丁包是扬州的名点,被誉为"天下一品"。在面点厨房中,利用面粉加酵母用温水调制成软硬适度的酵母膨松面团,采用提褶捏成形的手法,蒸制成熟,完成三丁包的制作。

[学习目标]

(1)了解酵母膨松法的基本原理。
(2)掌握炒制三丁馅的技术要领。
(3)能够利用面粉、水调制软硬适度的水调面团。
(4)能够按照制作流程,在规定时间内完成三丁包的制作。
(5)培养学生养成卫生习惯并遵守行业规范。
(6)通过学习,让学生感受到学习知识和技能的重要性,培养学生不畏艰辛的学习态度和刻苦钻研的探索精神。

二、相关知识

[酵母膨松法的基本原理]

酵母膨松法是利用微生物的膨松方法,也称为生物膨松法。酵母在发酵中只能利用单糖。主坯在发酵中所积累的气体有两个来源:一是酵母的呼吸作用;另一个是酒精发酵。

[炒制三丁馅的技术要领]

扬州三丁包的馅心以鸡丁、猪肉丁、笋丁制成,故名"三丁"。鸡丁选用隔年母鸡,既肥且嫩;肉丁选用五花肋条,膘头适中,鸡丁、猪肉丁、笋丁按1∶2∶1的比例搭配。鸡丁大、猪肉丁中、笋丁小,颗粒分明,以这三丁作馅,鲜、香、脆、嫩俱备,肥而不腻,再配以虾汁鸡汤加调味品烩制而成。

[成品标准]

三丁包色泽洁白,暄软,馅多松软,味浓不腻,如图2-5-1所示。

单元二　膨松面团

图 2-5-1　三丁包

三、制作准备

[设备与工具]

（1）设备：案台、案板、炉灶、台秤、煮锅。

（2）工具：和面盆、笊篱、手勺、笼屉、餐盘。

[原料与用量]

皮料、馅料和调料如图 2-5-2~图 2-5-4 所示。

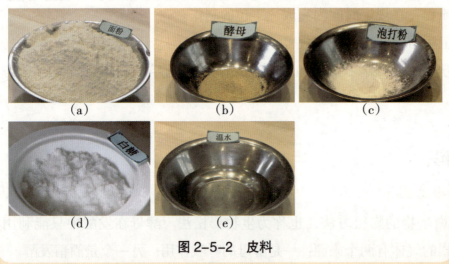

图 2-5-2　皮料

皮料：面粉 500 克、酵母 8 克、泡打粉 5 克、白糖 15 克、温水 275 毫升。

图 2-5-3　馅料

馅料：熟猪肉 300 克、熟鸡肉 150 克、熟冬笋 100 克。

调料：生抽 10 毫升、精盐 2 克、白糖 10 克、味精 3 克、料酒 10 毫升、虾籽 5 克、鸡汤 350 毫升、葱适量、姜适量、水淀粉适量。

图 2-5-4 调料

四、制作过程

1. 制馅

制馅步骤如图 2-5-5 所示。

三丁包视频

将猪肉、鸡肉、冬笋切成丁。

 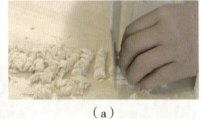 

（a）

炒锅上火放油，加入葱、姜煸至微黄，把"三丁"放入锅中煸炒。　　放虾籽、料酒、生抽、精盐、鸡汤适量。　　用旺火烧沸，用小火收浓汤汁，放入白糖。

（b）　　　　　　　（c）　　　　　　　（d）

勾芡，滴入几滴香油。　　拌和均匀，制成馅心。

（e）　　　　　　　（f）

图 2-5-5 制馅步骤

2. 和面

和面步骤如图 2-5-6 所示。

（a）将泡打粉、面粉过筛。

（b）在和面盆中开窝，窝中加入酵母、糖。

（c）在面粉中分次加入温水抄拌。

（d）将面粉拌和成雪花片状。

（e）将面粉揉匀揉透，调制成软硬适度的膨松面团。

图 2-5-6　和面步骤

3. 饧面

将和好的面团盖上一块干净的湿布，饧置 15~20 分钟，如图 2-5-7 所示。

图 2-5-7　饧面

4. 成形

成形步骤如图 2-5-8 所示。

（a）封口要严紧，不破皮露馅，要求每个包子有 18~24 个褶。

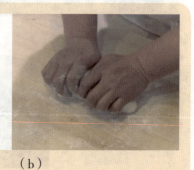

（b）将包好的包子生坯放入饧盘内。

图 2-5-8　成形步骤

搓成长条。	下成每个35克大小的剂子,并撒上面粉。

(c)	(d)

将剂子用手揉圆,擀成直径约6厘米的面皮。	将馅心放入面皮中,右手包的同时顺势提面皮,左手也跟着转。	临收口时,大拇指向内竖,将口收小,提褶捏好三丁包生坯。
	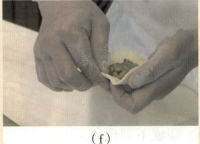	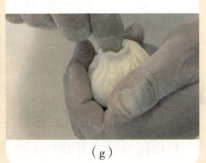
(e)	(f)	(g)

图 2-5-8　成形步骤(续)

5. 蒸熟

蒸熟步骤如图 2-5-9 所示。

包子包好后,放在涂过油的方盘中饧制,这样才会松软。饧的时间根据室温而定。	将饧好后的生坯放入铺有屉布的笼屉中。	用沸水锅蒸制约15分钟即可。
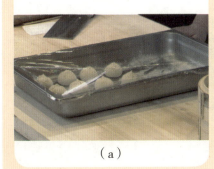	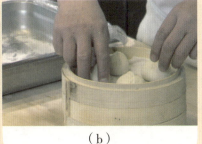	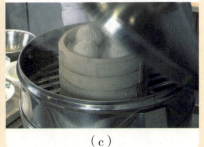
(a)	(b)	(c)

图 2-5-9　蒸熟步骤

6. 装盘

将蒸制好的成品连笼屉上桌。

五、评价标准

评价标准见表2-5-1。

表2-5-1 评价标准

评价内容	评价标准	满分	得分
成形手法	三丁包采用提褶捏成形的手法正确	20	
成品标准	色泽洁白，馅多松软，味浓不腻	50	
装盘	成品与盛装器皿搭配协调，造型美观	5	
卫生	工作完成后，工位干净整齐，工具清洗干净并摆放入位	5	
核心价值观	学习态度端正、主动性与责任意识强	10	
	能吃苦，肯钻研、讲传统、有创新	10	
	合计	100	

六、拓展任务

利用网络或者查找相关书籍，完成下列任务：

根据个人喜好改变馅心，将鸡丁、肉丁、笋丁换成其他丁，制作各种口味的三丁包，如图2-5-10所示。

图2-5-10 各种口味的三丁包

任务六 水煎包的制作

一、任务描述

[内容描述]

水煎包起源于山东省利津县,经过百年的岁月,现已遍布中国大部分地区。在面点厨房中,利用面粉加酵母用温水调制成软硬适度的膨松面团,采用提褶捏成形的手法,煎制成熟,完成水煎包的制作。

[学习目标]

(1)掌握水煎包提褶捏成形手法的技术要领。

(2)掌握水煎包煎制的技术要领。

(3)能够利用面粉、酵母加温水调制软硬适度的膨松面团。

(4)能够按照制作流程,在规定时间内完成水煎包的制作。

(5)培养学生养成卫生习惯并遵守行业规范。

(6)通过课堂学习,增强学生对本专业的学习意识,对树立正确的人生观和价值观起到了引领作用,培养学生的专业精神和职业精神。

二、相关知识

[水煎包提褶捏成形手法的技术要领]

提褶捏多用于咸馅包子类,如狗不理包子、小笼包、三丁包、灌汤包、素菜包等,都是用提褶捏的方法成形,使制品成形后顶部有18个以上的均匀褶纹。在操作时一般是左手托皮,右手将馅挑入面皮中心。右手拇指和食指从右向左旋转提褶捏,收口捏紧成包子生坯。注意既要捏紧、包严,又要防止用力过大,把馅心挤破。

[水煎包煎制的技术要领]

(1)在电饼铛里浇入一层油,将水煎包放入饼铛上色后,必须用水浇入电饼铛内,盖上盖,利用铛热使水变成蒸汽,使包子受到下面气煎上面气蒸,蒸煎合力。此品风味独特,包面松软,包底焦香。

（2）在浇上的水内加入面粉，待水蒸干后，包子底部结一层又薄又脆的锅巴，增强了水煎包的焦脆度。

[成品标准]

水煎包馅香味美，包身洁白，包底焦脆，如图 2-6-1 所示。

图 2-6-1　水煎包

三、制作准备

[设备与工具]

（1）设备：案台、案板、炉灶、台秤、煮锅。
（2）工具：和面盆、笊篱、手勺、餐盘。

[原料与用量]

皮料、馅料、调料和辅料如图 2-6-2~图 2-6-5 所示。

皮料：面粉 500 克、酵母 8 克、泡打粉 5 克、白糖 15 克、温水 275 毫升。

　(a)　　　(b)　　　(c)　　　(d)　　　(e)

图 2-6-2　皮料

馅料：猪肉馅 250 克。

图 2-6-3　馅料

调料：白胡椒粉3克、生抽25毫升、精盐3克、姜末5克、葱花100克、香油10毫升。

图 2-6-4 调料

辅料：清水60毫升、色拉油10毫升、黑芝麻10克、面粉100克。

图 2-6-5 辅料

四、制作过程

1. 和面

和面步骤如图 2-6-6 所示。

水蒸包视频

将泡打粉、面粉过筛。

在和面盆中开窝，窝中加入酵母、白糖。

在面粉中分次加入温水抄拌。

(a)　　　　　(b)　　　　　(c)

将面粉拌和成雪花片状。

将面粉揉匀揉透，调制成软硬适度的膨松面团。

(d)　　　　　(e)

图 2-6-6 和面步骤

2. 和面

将和好的面团盖上一块干净的湿布,饧置15~20分钟,如图2-6-7所示。

3. 拌馅

在肉馅中加入白胡椒粉、生抽、精盐、姜末并拌匀;当肉馅黏稠后,加入香油、白糖、葱花拌匀即可,如图2-6-8所示。

图2-6-7 和面

图2-6-8 拌馅

4. 成形

成形步骤如图2-6-9所示。

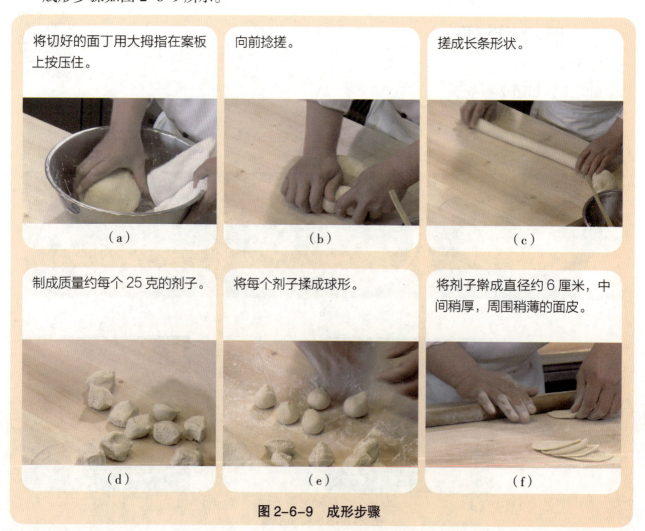

(a) 将切好的面丁用大拇指在案板上按压住。

(b) 向前捻搓。

(c) 搓成长条形状。

(d) 制成质量约每个25克的剂子。

(e) 将每个剂子揉成球形。

(f) 将剂子擀成直径约6厘米,中间稍厚,周围稍薄的面皮。

图2-6-9 成形步骤

（g）左手托皮，右手将馅挑入皮子中心。

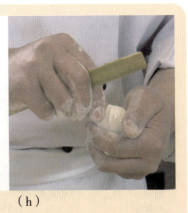
（h）左手托皮，右手拇指和食指从右向左旋转捏褶。

（i）共捏出27道左右的褶，收口捏紧成包子生坯。

（j）将捏制好的包子生坯放在案板上，饧置25分钟左右。

图 2-6-9　成形步骤（续）

5. 调稀面糊

在清水里加入适量面粉，用尺板搅拌均匀，如图 2-6-10 所示。

图 2-6-10　调稀面糊

6. 煎烙制成熟

煎烙制成熟步骤如图 2-6-11 所示。

把饧好的水煎包生坯的头部略沾一些调制好的稀面糊，并沾一些黑芝麻。

（a）

将电饼铛擦洗干净，烧热，淋入少量底油。

（b）

把饧置好的包子生坯码在电饼铛中煎烙。

（c）

煎烙至包子底部稍上色时，慢慢倒入调制好的面糊，盖上锅盖。

（d）

当包子底部形成脆皮似的脆底，且底部金黄，撒上黑芝麻、香葱碎。

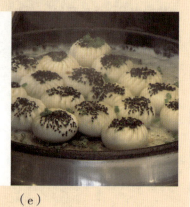

（e）

图 2-6-11　煎烙制成熟步骤

7. 装盘

将煎烙制好的成品装入餐盘中。

五、评价标准

评价标准见表 2-6-1。

表 2-6-1　评价标准

评价内容	评价标准	满分	得分
成形手法	水煎包提褶捏成形手法正确	20	
成品标准	馅香味美，包身洁白，包底焦脆	50	
装盘	成品与盛装器皿搭配协调，造型美观	5	
卫生	工作完成后，工位干净整齐，工具清洗干净并摆放入位	5	
核心价值观	学习态度端正、主动性与责任意识强	10	
	能吃苦，肯钻研、讲传统、有创新	10	
	合计	100	

六、拓展任务

利用网络或者查找相关书籍，完成下列任务：

根据个人喜好改变馅心制作各种口味的水煎包（图 2-6-12），如鲜肉水煎包、鲜虾水煎包、鸡肉水煎包、荠菜水煎包等。

图 2-6-12　各种口味的水煎包

任务七 油条的制作

 一、任务描述

[内容描述]

油条是中国百姓早餐桌上常见的品种，属于大众面食，各地均有，是深受大众喜爱的早餐佳品。在面点厨房中，利用面粉、精盐等调制成软硬适度的化学膨松面团，采用切、叠、压成形的手法将其炸制成熟，完成油条的制作。

[学习目标]

（1）了解化学膨松面团及影响化学膨松效果的因素。

（2）能够利用面粉、精盐、枧水等调制成软硬适度的化学膨松面团。

（3）了解枧水及其作用。

（4）能够按照制作流程，在规定时间内完成油条的制作。

（5）培养学生养成卫生习惯并遵守行业规范。

（6）通过学习探索，力争努力将学生打造成为本专业的行家里手，培养学生们的工匠精神。

 二、相关知识

[影响化学膨松效果的因素]

从制品风味来看，化学膨松面团不如生物膨松面团，但是糖多会使酵母菌在渗透压作用下细胞质与细胞液分离，失去活性；油能在酵母菌表面形成一层油膜，隔绝酵母与水及其他物质的接触，导致其吸收不到养料，不能继续生长繁殖，从而影响面团的膨松效果。使用化学膨松剂则可以弥补酵母的不足，在制作面点时，所采用的化学膨松剂的品种、用量、水温、比例等都会影响膨松效果。

（1）化学膨松剂的品种。使用不同的化学膨松剂，其膨松效果是不同的，如小苏打适用于高温烘烤的糕、饼类制品。在生物膨松面团中，也可加入小苏打，这样，一方面能使制品更光洁，起辅助发酵作用；另一方面，由于小苏打呈纯碱性，反应后生成碳酸钠，可作为纯碱使用。臭粉在反应中生成氨气，味道不易消散，不宜用其制作馒头，而适于制作烘、烤、炸类的薄形糕饼。

（2）化学膨松剂的用量及比例。调制化学膨松面团时，必须准确掌握膨松剂的用量。用量多，面团苦涩；用量不足，制品成熟后不疏松。调制矾、纯碱、精盐膨松面团时，若矾多纯碱少，则面团中残留的明矾多，成品带有苦涩味；若矾少纯碱多，则面团中又有多余的纯碱，并且氢氧化铝的量也少，成品纯碱味大，不脆。只有掌握好用量和比例，才能保证膨松面团的质量。

[枧水]

枧水是广式面点工艺中常用的一种纯碱水。它是从草木灰中提取出来的，其化学性质与纯碱相似。它是制作广式软皮月饼必备的添加剂。新型枧水是一种保鲜剂，是在传统枧水的基础上，经过改进配方，使成品月饼表皮更加柔软细腻，口感更加甜润，不发涩并能延长货架期。

[成品标准]

油条色泽金黄，条直，疏松通脆，咸香适口，如图 2-7-1 所示。

图 2-7-1　油条

三、制作准备

[设备与工具]

（1）设备：案台、炉灶、台秤、炸锅。

（2）工具：和面盆、长筷子、面箩、擀面杖、刀、油刷、笊篱、手勺、刮板、餐盘。

[原料与用量]

原料如图 2-7-2 和图 2-7-3 所示。

面粉 500 克、精盐 7.5 克、臭粉 1 克、泡打粉 5 克、小苏打 2.5 克、枧水 15 毫升、清水 325 毫升。

炸制油：色拉油 1 500 毫升。

图 2-7-2　原料

图 2-7-3　色拉油

四、制作过程

1. 和面

和面步骤如图 2-7-4 所示。

将面粉过面箩倒入和面盆中，分次加入精盐、小苏打、臭粉、枧水和清水混合均匀的溶液。

(a)

用抄拌法将面粉抄匀。

(b)

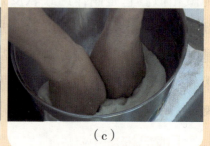

双手握拳，将面坯捣开。

(c)

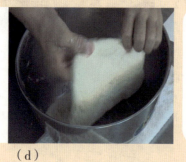

双手抻拉面的上部边缘，叠至面坯中间。

(d)

用手捣匀，再依次从下面向中间叠、从左面向中间叠、从右面向中间叠，并依次捣匀。

(e)

图 2-7-4　和面步骤

2. 饧面

用保鲜膜将面团封好，饧置约 30 分钟，如图 2-7-5 所示。

图 2-7-5　饧面

3. 成形

成形步骤如图 2-7-6 所示。

| 在面板上刷油。 | 将面坯放在面板上，铺成长方形。 | 用刀切成约10厘米宽的长条。 |

 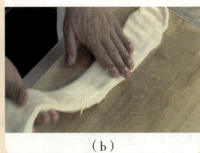 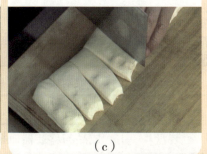

（a） （b） （c）

| 将两条面条叠在一起。 | | 用手指压一下，使两条面中间相连，成油条生坯待用。 | |

 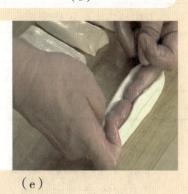

（d） （e）

图 2-7-6 成形步骤

4. 熟制

熟制步骤如图 2-7-7。

| 两手将生坯从中间向两端押开约30厘米，放入约200℃的油锅中。 | 生坯中间先下锅中，略炸一下，再将全部下入锅中，并用筷子不停地翻动生坯。 |

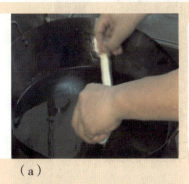 

（a） （b）

| 炸制生坯鼓起，且外皮松脆。 | 炸至色泽金黄，即可出锅。 |

 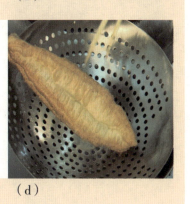

（c） （d）

图 2-7-7 熟制步骤

5. 装盘

将制好的成品装入盘中。

五、评价标准

评价标准见表2-7-1。

表2-7-1 评价标准

评价内容	评价标准	满分	得分
成形手法	油条采用切、叠、压成形的手法正确	20	
成品标准	色泽金黄,条直,疏松通脆,咸香适口	50	
装盘	成品与盛装器皿搭配协调,造型美观	5	
卫生	工作完成后,工位干净整齐,工具清洗干净并摆放入位	5	
核心价值观	学习态度端正、主动性与责任意识强	10	
	能吃苦,肯钻研、讲传统、有创新	10	
合计		100	

六、拓展任务

利用网络或者查找相关书籍,完成下列任务:

根据个人喜好制作出不同品种的油条,如图2-7-8所示。

图2-7-8 不同品种的油条

任务八 蛋黄莲蓉甘露酥的制作

一、任务描述

[内容描述]

蛋黄莲蓉甘露酥是广式面点的代表性品种,因有"甘露"之香甜,深受人们喜爱。在面点厨房中,利用面粉、白糖、猪油、鸡蛋等原料调制成软硬适度的化学膨松面团,采用包制成形的手法,烤制成熟,完成蛋黄莲蓉甘露酥的制作。

[学习目标]

(1)了解化学膨松面团的定义、特点、适宜的品种。
(2)掌握化学膨松面团的膨松原理。
(3)能够利用面粉、白糖、猪油、鸡蛋等原料调制化学膨松面团。
(4)能够按照蛋制作流程,在规定时间内完成蛋黄莲蓉甘露酥的制作。
(5)培养学生养成卫生习惯并遵守行业规范。
(6)通过学习,让学生感受到学习知识和技能的重要性,培养学生不畏艰辛的学习态度和刻苦钻研的探索精神。

二、相关知识

[化学膨松面团的定义、特点、适宜的品种]

化学膨松面团,就是将适量的化学膨松剂加入面粉中调制而成的面团,它的原理是利用化学膨松剂在面团中受热后发生化学变化产生气体使面团疏松膨胀。此类面团一般用白糖、猪油、鸡蛋等辅助原料的量较多。根据种类的不同,化学膨松面团一般可分为发粉化学膨松面团和矾纯碱精盐化学膨松面团两大类。

化学膨松面团的特点:体积疏松多孔,呈蜂窝或海绵状组织结构。

化学膨松面团的成品特点:呈蜂窝状组织结构的面坯,成品色泽淡黄至棕红,入口酥脆浓香;呈海绵组织结构的面坯,色泽洁白至浅黄。

化学膨松面团的主要品种有油条、桃酥、甘露酥、开口笑、马拉糕等。

[化学膨松面团的膨松原理]

各种化学膨松剂在反应过程中，虽然都产生二氧化碳气体，但由于各自的化学成分不同，因此膨松过程中发生的化学变化也不一样。化学膨松面团使用的化学膨松剂有小苏打、臭粉、发酵粉及明矾、纯碱等。

[成品标准]

蛋黄莲蓉甘露酥表面龟裂，呈山形稍有斜角，色泽金黄，口感松酥，润滑甜香，如图2-8-1所示。

图2-8-1　蛋黄莲蓉甘露酥

三、制作准备

[设备与工具]

（1）设备：案台、案板、炉灶、台秤、烤箱。
（2）工具：和面盆、面箩、刷子、刮板、小碗、餐盘。

[原料与用量]

皮料、馅料和调料如图2-8-2~图2-8-4所示。

皮料：面粉500克、白糖275克、猪油250克、鸡蛋2个、泡打粉7.5克、臭粉3.5克。

图2-8-2　皮料

馅料：湘莲500克、白糖600克、猪油150克、花生油70毫升、澄面100克、纯碱10克。

图2-8-3　馅料

配料：生咸鸭蛋黄5个、鸡蛋1个、玉米淀粉50克。

图2-8-4　配料

四、制作过程

1. 制馅

制馅步骤如图 2-8-5。

（a）莲子去心，放入和面盆内，加入适量清水。

（b）入笼，蒸至绵烂。

（c）取出后过面箩，成莲子蓉待用。

（d）锅中放少许油，将莲蓉加入白糖拌匀炒至白糖溶化，转入小火。

（e）炒至充分融合后，筛入澄面，并将花生油、猪油分 2～3 次加入。

（f）继续炒匀炒熟，即可出锅，晾凉待用。

（g）将馅分成大小一致的馅剂。

（h）用莲蓉馅包裹住咸鸭蛋黄。

（i）将蛋黄莲蓉馅心制作成圆球形。

图 2-8-5　制馅步骤

2. 和面

和面步骤如图 2-8-6。

(a) 将泡打粉加入面粉中过箩。
(b) 放在案板上,开成窝形,把臭粉撒在面粉上。
(c) 窝内放入白糖、猪油、鸡蛋。
(d) 用手搓至混合均匀细腻,待糖融化。
(e) 拌入面粉、臭粉。
(f) 复叠2~3次即可制成甘露酥皮。

图 2-8-6 和面步骤

3. 下剂

将和好的甘露酥面团切成大小一致的面剂,如图 2-8-7 所示。

图 2-8-7 下剂

4. 成形

成形步骤如图 2-8-8。

将甘露酥面剂捏成窝形，放入馅心。

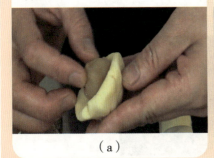

（a）

包成球形，码放在烤盘上。

（b）

在球面表面刷上鸡蛋液（重复刷两遍）。

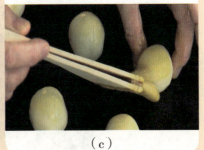

（c）

图 2-8-8 成形步骤

5. 熟制

熟制步骤如图 2-8-9。

将烤盘放入烤箱中，慢火烤制。

（a）

待表面呈金黄色，即可取出。

（b）

图 2-8-9 熟制步骤

6. 装盘

将烤制好的蛋黄莲蓉甘露酥晾凉装入盘中。

五、评价标准

评价标准见表 2-8-1。

表 2-8-1 评价标准

评价内容	评价标准	满分	得分
成形手法	蛋黄莲蓉甘露酥采用包制成形的手法正确	20	
成品标准	表面龟裂，呈山形稍有澥角，色泽金黄，口感松酥，润滑甜香	50	
装盘	成品与盛装器皿搭配协调，造型美观	5	
卫生	工作完成后，工位干净整齐，工具清洗干净并摆放入位	5	
核心价值观	学习态度端正、主动性与责任意识强	10	
	能吃苦，肯钻研、讲传统、有创新	10	
合计		100	

六、拓展任务

利用网络或者查找相关书籍，完成下列任务：

制作出不同馅料（如豆沙馅、红豆馅、绿豆馅、枣泥馅）的甘露酥，如图 2-8-10 所示。

图 2-8-10　不同馅料的甘露酥

单元三　油酥面团

单元导读

一、任务内容

本单元介绍油酥面团的相关知识和技能。

油酥面团由两块性质完全不同的面团（水油面、干油酥），经过包、擀、卷或叠卷等开酥方法制成，具有酥层结构，而且口感松脆酥香。

二、任务简介

采用大包酥工艺，叠制成形手法，包入馅心，烤制成熟制作白皮酥、五仁芝麻酥、黄桥烧饼；采用大包酥工艺，叠制成形手法，卷入馅心，烤制成熟制作岭南咖喱酥角、叉烧酥。采用小包酥工艺，卷折成形手法，包入馅心，炸制成熟制作枣泥荷花酥和烤制成熟制作蛋黄酥。

三、职业素养与核心价值观

本单元学习是用典型真实的实物，体验完整的工作过程，通过难度的增加，使学生感受到专业知识和专业技能的重要性，同时激发学生勇于克服困难、不断创新的能力，培养学生不畏艰辛的工作态度和刻苦钻研的职业精神。注重加强对学生的世界观、人生观和价值观的教育，传承和创新中华传统文化，从而为社会培养更多全面发展的合格人才。

任务一　白皮酥的制作

一、任务描述

[内容描述]

白皮酥的皮酥松，馅香甜，非常好吃，深受人们喜爱。在面点厨房中，利用面粉、油、水调制两块面团油酥面，采用大包酥工艺，叠制成形手法，包入馅心，烤制成熟，完成白皮酥的制作。

[学习目标]

（1）了解大包酥工艺。

（2）掌握调制干油酥面团的技术要领。

（3）能够利用面粉、油、水调制水油面和干油酥。

（4）能够按照制作流程，在规定时间内完成白皮酥的制作。

（5）培养学生养成卫生习惯并遵守行业规范。

（6）通过课堂学习，使学生养成良好的职业习惯，并培养责任意识和职业素养。

（7）培养学生爱岗敬业、吃苦耐劳的高尚品德，同时提高学生的责任意识和职业素养。

二、相关知识

[大包酥工艺]

将水油面按压成中间厚、边薄的圆形，把干油酥放在中间，再将水油面边缘提起，捏严口，擀成长方形薄片，折叠两次成三层，再擀薄。从一头卷紧成筒状，按剂量挤出多个剂子。

[叠制成形手法技术要领]

叠即折叠，是与擀相结合的一种工艺技法，常用于酥皮制品中的成形或起层。在操作中要注意以下两点：

（1）擀片时要厚薄一致，光滑平整并根据制品的要求掌握好尺寸。

（2）折叠时要注意边线对齐。

酥皮制品中有相当一部分在开酥起层时用叠的方法，如兰花酥、风车酥、白皮酥等。且多采用大包酥工艺，在制作时走槌推擦，用力均匀，推擦平整，酥面分布均匀，经几次折叠后，制成的酥层十分清晰利落。

[调制干油酥面团的技术要领]

调制油酥面用擦的手法是为了使其随着搓擦包裹入空气，反复搓擦后颜色变浅，就是因为掺进了空气，烘烤后空气受热膨胀，会使得起酥效果更佳。

[成品标准]

白皮酥色泽洁白，酥松香甜，如图3-1-1所示。

图3-1-1　白皮酥

 三、制作准备

[设备与工具]

（1）设备：案台、案板、炉灶、台秤、烤箱。

（2）工具：和面盆、刮板、餐盘。

[原料与用量]

水油面、干油酥和馅料如图3-1-2~图3-1-4所示。

水油面：面粉250克、猪油50克、清水125毫升。

(a) 　　　　　　　　(b) 　　　　　　　　(c)

图3-1-2　水油面

干油酥：面粉250克、猪油125克。

(a) 　　　　　　　　(b)

图3-1-3　干油酥

馅料：白糖150克、熟面粉150克、桂花酱、葡萄干、瓜条、橘饼、果脯各10克。

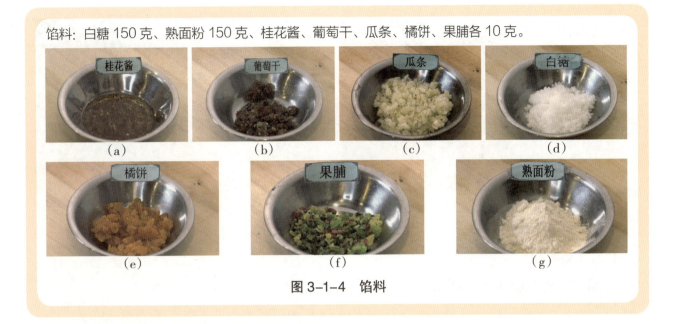

图 3-1-4 馅料

四、制作过程

（一）和面

1. 调制水油面

调制水油面步骤如图 3-1-5 所示。

白皮酥视频

将面粉过筛开窝，窝中加入猪油、清水。 （a）	将面粉、猪油、水拌和均匀，揉匀搓透，调制成面团。 （b）
将调制好的水油面摔打滋润。 （c）	将摔打滋润的水油面盖上湿布饧。 （d）

图 3-1-5 调制水油面步骤

2. 调制干油酥

调制干油酥步骤如图 3-1-6 所示。

将面粉和猪油混合均匀。

将混合均匀的面粉反复搓擦，搓匀成干油酥。

（a）

（b）

图 3-1-6　调制干油酥步骤

（二）拌制馅

拌制馅步骤如图 3-1-7 所示。

将所有拌馅原料放入盆中。

将所有馅料拌和均匀。

将和好的馅料做成馅剂。

（a）

（b）

（c）

图 3-1-7　拌制馅步骤

（三）开酥

开酥步骤如图 3-1-8 所示。

将干油酥包入水油面中。

按扁。

将按扁的面团擀成厚约 0.6 厘米的长方形片。

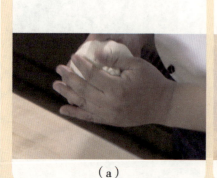
（a）

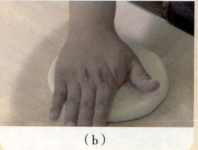
（b）

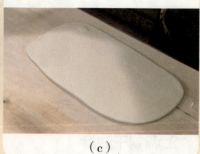
（c）

图 3-1-8　开酥步骤

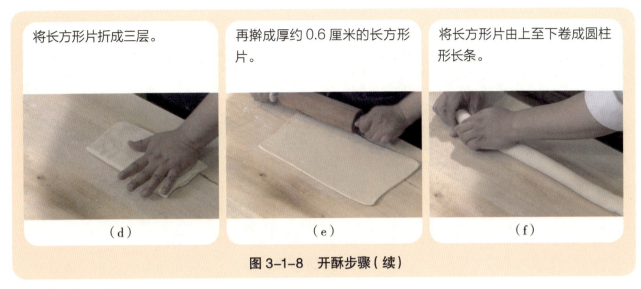

图 3-1-8 开酥步骤（续）

（四）下剂

将长条揪成每个质量约 25 克的剂子，如图 3-1-9 所示。

图 3-1-9 下剂

（五）成形

成形步骤如图 3-1-10 所示。

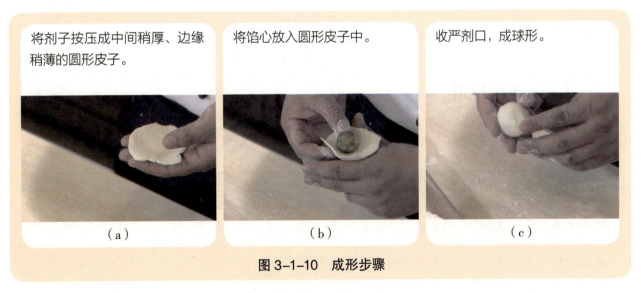

图 3-1-10 成形步骤

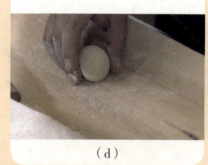
（d）
将包好馅心的球形面坯收口朝下放在案台上。

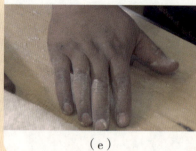
（e）
将案台上球形面剂用手掌向下按。

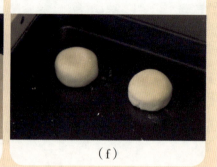
（f）
按成圆饼状按压成直径约4厘米的中间稍凹的圆饼。

图 3-1-10　成形步骤（续）

（六）烤制成熟

烤制成熟步骤如图 3-1-11 所示。

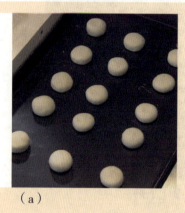
（a）
将圆形生坯码入干净的烤盘中。

（b）
将烤盘放入温度为 200 ℃左右的烤箱中烤制约 12 分钟，待饼烤至鼓起，呈白色即熟，然后取出点上红点。

图 3-1-11　烤制成熟步骤

（七）装盘

将烤制好的成品装入餐盘中。

五、评价标准

评价标准见表 3-1-1。

表 3-1-1　评价标准

评价内容	评价标准	满分	得分
成形手法	大包酥，卷制成形手法正确	20	
成品标准	大小均匀，色泽洁白，酥松香甜	50	

续表

评价内容	评价标准	满分	得分
装盘	成品与盛装器皿搭配协调，造型美观	5	
卫生	工作完成后，工位干净整齐，工具清洗干净并摆放入位	5	
核心价值观	学习态度端正、主动性与责任意识强	10	
	能吃苦，肯钻研、讲传统、有创新	10	
合计		100	

六、拓展任务

利用网络或者查找相关书籍，完成下列任务：

根据个人喜好改变馅心，制作各种馅料（如黑芝麻馅的、五仁馅的、豆沙馅）的白皮酥，如图 3-1-12 所示。

图 3-1-12 各种馅料的白皮酥

单元三 油酥面团

任务二 五仁芝麻酥饼的制作

一、任务描述

[内容描述]

五仁芝麻酥饼是从"京八件"演化而来的酥点。皮酥,入口即化,非常好吃,深受人们喜爱。在面点厨房中,利用面粉、油、清水,调制两块面团油酥面,采用大包酥工艺,卷制成形手法,包入五仁馅,烤制成熟,完成五仁芝麻酥饼的制作。

[学习目标]

(1)了解大包酥工艺。
(2)掌握调制干油酥面团的技术要领。
(3)能够利用面粉、油、清水调制水油面和干油酥。
(4)能够按照制作流程在规定时间内完成五仁芝麻酥饼的制作。
(5)培养学生养成卫生习惯并遵守行业规范。
(6)通过学习,增强学生们爱岗敬业、吃苦耐劳的高尚品德,同时激发学生对专业学习的自信心,提高学生的责任意识和职业素养。

二、相关知识

[成品标准]

五仁芝麻酥饼色泽金黄,外皮酥香,里层柔软,果仁香味浓郁,如图 3-2-1 所示。

图 3-2-1 五仁芝麻酥饼

三、制作准备

[设备与工具]

（1）设备：案台、台秤、烤盘、烤箱。
（2）工具：面箩、走槌、擀面杖、刀、刷子、尺板、刮板、和面盆、配菜盘、餐盘。

[原料与用量]

水油面用料、干油酥、馅料和辅料如图3-2-2~图3-2-5所示。

水油面用料：面粉300克、猪油100克、清水180毫升。

图3-2-2 水油面用料

干油酥：面粉200克、猪油100克。

图3-2-3 干油酥

馅料：清水100毫升、花生仁20克、瓜子仁20克、松子仁20克、瓜条10克、核桃仁20克、熟芝麻20克、白糖250克、曲酒10毫升、香油10毫升、高粉20克、橘饼10克、色拉油10毫升、桂花酱15克。

图3-2-4 馅料

辅料：鸡蛋1个、芝麻仁200克。

图3-2-5 辅料

四、制作过程

（一）制馅

制馅步骤如图3-2-6所示。

图 3-2-6　制馅步骤

（二）和面

1. 调制水油面

调制水油面步骤如图 3-2-7。

图 3-2-7　调制水油面步骤

2. 调制干油酥

调制干油酥步骤如图 3-2-8 所示。

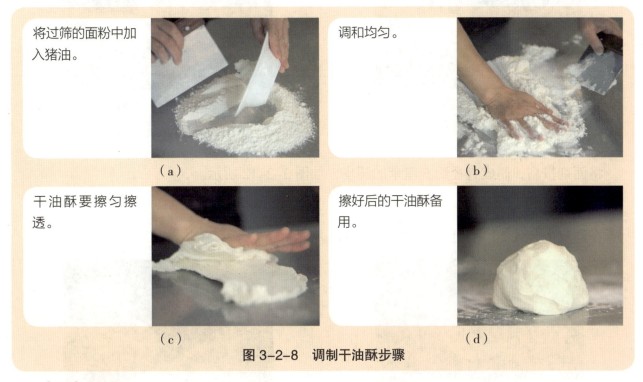

图 3-2-8　调制干油酥步骤

（三）开酥

开酥步骤如图 3-2-9 所示。

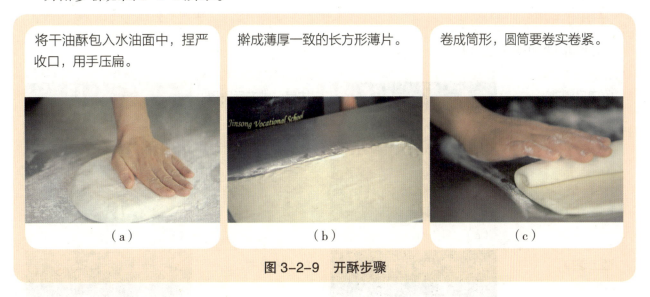

图 3-2-9　开酥步骤

（四）搓条

将面卷搓成直径约为 3 厘米的长条，如图 3-2-10 所示。

（五）下剂

揪成大小一致、质量约为 30 克的剂子，如图 3-2-11 所示。

图 3-2-10　搓条

图 3-2-11　下剂

（六）制皮

将面剂按扁，制成直径约 5 厘米的圆皮，如图 3-2-12 所示。

（七）上馅

在圆皮中包入 20 克五仁馅，如图 3-2-13 所示。

图 3-2-12　制皮

图 3-2-13　上馅

（八）成形

成形步骤如图 3-2-14。

(a) 收口呈圆球形。

(b) 按扁，排齐后刷蛋液。

(c) 蘸上芝麻。

(d) 放入烤盘中。

图 3-2-14　成形步骤

（九）熟制

熟制步骤如图 3-2-15。

烤箱预热，温度达到 220°，将蘸好芝麻的饼坯放入烤箱。

（a）

用中高火烤制成金黄色，即可出炉。

（b）

图 3-2-15 熟制步骤

（十）装盘

将做好的五仁芝麻酥饼装入盘中。

五、评价标准

评价标准见表 3-2-1。

表 3-2-1 评价标准

评价内容	评价标准	满分	得分
成形手法	大包酥，卷制成形手法正确	20	
成品标准	此点色泽金黄，外皮酥香，里层柔软，果仁香味浓郁	50	
装盘	成品与盛装器皿搭配协调，造型美观	5	
卫生	工作完成后，工位干净整齐，工具清洗干净并摆放入位	5	
核心价值观	学习态度端正、主动性与责任意识强	10	
	能吃苦、肯钻研、讲传统、有创新	10	
合计		100	

六、拓展任务

利用网络或者查找相关书籍，完成下列任务：

（1）根据个人喜好改变，馅料的品种，制作出不同的酥饼。

（2）为了制品的美观和营养，可以在外层蘸上不同颜色的芝麻。

（3）可以参照此法制作月饼。

任务三 枣泥荷花酥的制作

一、任务描述

[内容描述]

枣泥荷花酥,皮酥脆,层层分明,特别好吃,深受人们喜爱。在面点厨房中,利用面粉、油、水调制两块面团油酥面,采用小包酥工艺,卷叠成形手法,包入枣泥馅,烤制成熟,完成枣泥荷花酥的制作。

[学习目标]

(1) 了解小包酥工艺。
(2) 掌握调制干油酥面团的技术要领。
(3) 能够利用面粉、油、水调制水油面和干油酥。
(4) 能够按照制作流程,在规定时间内完成枣泥荷花酥的制作。
(5) 培养学生养成卫生习惯并遵守行业规范。
(6) 通过课堂学习,增强学生对本专业的学习意识,对树立正确的人生观和价值观起到了引领作用,培养学生的专业精神和职业精神。

二、相关知识

[包酥方法——小包酥]

小包酥是先将水油面与干油面分别揪成剂子,用水油面包干油酥,收严剂口,经擀、卷、叠制成单个剂子。这种先下剂、后包酥,一次只能做出一个剂子的开酥方法称为小包酥。小包酥工艺的特点是速度慢,效率低,但起酥较匀,成品精细,适宜用来制作高档宴会专用点心。

[中式面点造型分类]

中式面点的造型根据不同地区、不同民族、不同风味流派的特点,各有不同的造型方法,基本可分为按造型方式分类和按成形手法两类。

1. 按造型方式分类

仿几何型：它是模仿生活中的各种几何图形而构成的面点造型。由于仿几何造型简单、快捷，所以在面点工艺造型中被广泛采用。它是面点造型艺术的基础，也是中式面点工艺技术的基本功，分为单几何造型和组合式几何造型。单几何造型指点心的形状是一个独立的集合性状，如粽子的立体四角形、汤圆的球体、馅饼的圆柱体等。组合式几何造型指点心的基本形状是由两种以上单几何形组合而成的，如双层裱花蛋糕即是两个不同直径的圆柱体的组合。

仿植物型：它是模仿自然界各种植物的形态塑造的面点造型，如荷花酥、菊花酥、梅花饺、白菜饺等是仿荷花、菊花、梅花、白菜等植物的外形制作成形的。

仿动物型：它是模仿自然界各种动物的形态塑造的面点造型，这也是一种广为流行的面点造型手法。无论是发酵面、澄面、酥皮面还是水调面，均可采用这种造型手法，如金鱼饺、豆沙小鸡酥、虾酥等。

2. 按成形手法可分类

手工成形、印模成形、机器成形。

[成品标准]

枣泥荷花酥色泽洁白，造型逼真，外皮酥香，里层柔软，有浓郁的枣香味，如图3-3-1所示。

图3-3-1　枣泥荷花酥

三、制作准备

[设备与工具]

（1）设备：案台、炉灶、台秤、电磁炉、炸锅。

（2）工具：漏勺、面筛、油刷、刀、尺板、和面盆、餐盘、配菜盘。

[原料与用量]

水油面用料、干油酥、主料和辅料如图3-3-2~图3-3-5所示。

水油面用料：面粉 300 克、猪油 75 克、清水 180 毫升。

图 3-3-2　水油面用料

干油酥：面粉 200 克、猪油 100 克。

图 3-3-3　干油酥

主料：枣泥馅 600 克。

图 3-3-4　主料

辅料：红樱桃 50 克。

图 3-3-5　辅料

四、制作过程

（一）和面

1. 调制水油面

调制水油面步骤如图 3-3-6 所示。

枣泥荷花酥视频

将面粉过筛，中间开成窝状，放入猪油和清水。

（a）

将面粉、猪油、清水调和均匀。

（b）

搓擦、摔打成柔软而有筋力、光滑而不粘手的面坯即成。

（c）

面团揉好后，放在一边略饧。

（d）

图 3-3-6　调制水油面步骤

2. 调制干油酥

调制干油酥步骤如图 3-3-7 所示。

图 3-3-7 调制干油酥步骤

（二）开酥

开酥步骤如图 3-3-8 所示。

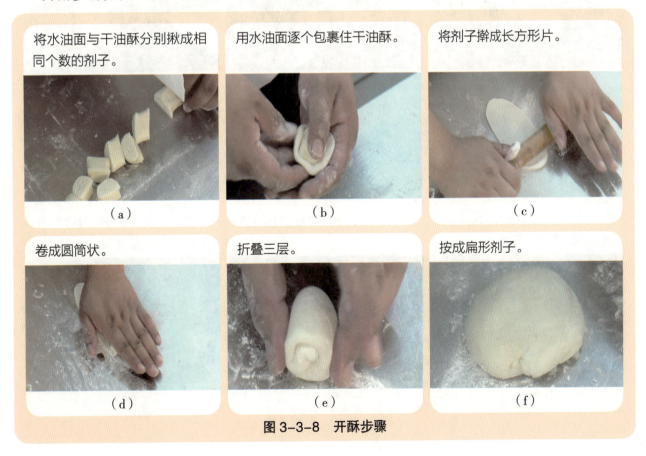

图 3-3-8 开酥步骤

（三）制皮

将按扁的面剂擀成直径约 5 厘米的圆皮，如图 3-3-9 所示。

（四）上馅

在圆皮中包入 20 克枣泥馅，如图 3-3-10 所示。

图 3-3-9　制皮

图 3-3-10　上馅

（五）成形

成形步骤如图 3-3-11 所示。

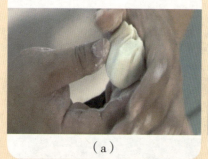

（a）收口呈圆球形。

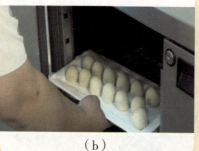

（b）放入冰箱略冻片刻。

（c）取出后，用快刀片在顶部切三刀，使生坯变成六瓣。

图 3-3-11　成形步骤

（六）熟制

熟制步骤如图 3-3-12 所示。

（a）锅内注油，油温烧至 160℃ 左右，将生坯放入油锅。

（b）待花瓣微微张开时逐步升高油温。

（c）炸制花瓣全部张开、挺直，色泽洁白，然后出锅。

图 3-3-12　熟制步骤

（七）装盘

将做好的荷花酥装入盘中。

五、评价标准

评价标准见表 3-3-1。

表 3-3-1　评价标准

评价内容	评价标准	满分	得分
成形手法	荷花酥采用小包酥，卷叠成形手法正确	20	
成品标准	色泽洁白，造型逼真，外皮酥香，里层柔软，有浓郁的枣香味	50	
装盘	成品与盛装器皿搭配协调，造型美观	5	
卫生	工作完成后，工位干净整齐，工具清洗干净并摆放入位	5	
核心价值观	学习态度端正、主动性与责任意识强	10	
	能吃苦，肯钻研、讲传统、有创新	10	
	合计	100	

六、拓展任务

利用网络或者查找相关书籍，完成下列任务：

（1）与家人一起制作不同馅料的荷花酥（图 3-3-13），如莲蓉馅、蛋黄馅、豆沙馅等。

（2）为了制品的营养与美观，可以在面团中加入不同的蔬果汁，使其颜色更丰富。

图 3-3-13　不同馅料的荷花酥

单元三 油酥面团

任务四 眉毛酥的制作

一、任务描述

[内容描述]

形似眉毛、入口化渣的眉毛酥深受人们的喜爱。在面点厨房中，利用面粉、油、水调制两块面团，经包酥后，制成圆酥皮，包制豆沙馅后对折成半月形，边口处卷捏出绳状花纹，形如眉毛。最后将其油炸，完成眉毛酥的制作。

[学习目标]

（1）掌握层酥面坯工艺要领。

（2）能够利用面粉、黄油、水调制软硬适度的油酥面。

（3）能够按照制作流程，在规定时间内完成眉毛酥的制作。

（4）培养学生养成卫生习惯并遵守行业规范。

（5）通过学习，让学生感受到学习知识和技能的重要性，培养学生不畏艰辛的学习态度和刻苦钻研的探索精神。

二、相关知识

[层酥面坯工艺要领]

（1）水油面与干油酥的比例要适当，水油面过多，酥层不清，成品不酥；干油酥过多，形成困难，成品易散碎。

（2）水油面与干油酥的软硬要一致，否则易漏酥或酥层不均。

（3）开酥时要保证面坯的四周薄厚均匀（叠酥时四角要开匀），开酥不宜太薄。

（4）开酥时要尽量少用干面粉，卷筒时卷紧；否则，酥层间不易粘连，成品易脱壳。

（5）切剂时刀刃要锋利，下刀要利落，防止层次之间粘连。

（6）下剂后，应在剂子上盖上一块干净的湿布，防止剂子表面风干结皮。

[眉毛酥炸制要领]

炸制眉毛酥时先用四成油温（温度大概为120℃），将制品浸泡松，待制品浮出油面，逐步加温，再将油温升至五成油温（温度大概为150℃），再继续升至六成热油温（温度大概为180℃），炸至眉毛酥表面酥层显露，色泽微黄时起锅即可。

[成品标准]

眉毛酥色泽微黄，形似秀眉，层次分明，酥松香甜，如图3-4-1所示。

图3-4-1　眉毛酥

三、制作准备

[设备与工具]

（1）设备：案台、炉灶、台秤、烤箱。
（2）工具：和面盆、笊篱、手勺、餐盘。

[原料与用量]

水油面、干油酥和馅料如图3-4-2~图3-4-4所示。

水油面：面粉250克、猪油50克、清水125毫升。

(a)

(b)

(c)

图3-4-2　水油面

干油酥：面粉250克、猪油125克。

馅料：豆沙馅一袋。

(a)

(b)

图3-4-3　干油酥　　　　　图3-4-4　馅料

四、制作过程

（一）和面

1. 调制水油面

调制水油面步骤如图 3-4-5 所示。

(a) 将面粉过筛开窝，窝中加入猪油，分次加入水。

(b) 将所有原料拌和均匀。

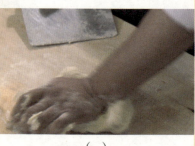
(c) 将面用掌根擦匀擦透。

(d) 将面摔打滋润。

(e) 将面揉匀揉透揉光滑。

(f) 将揉制好的水油面盖上湿布，饧面。

图 3-4-5　调制水油面步骤

2. 调制干油酥

调制干油酥步骤如图 3-4-6 所示。

(a) 将面粉和猪油混合均匀。

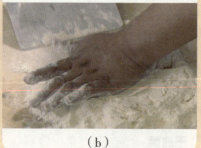
(b) 用掌跟将混合均匀后的面团擦搓均匀。

(c) 将擦搓均匀的面团和成干油酥。

图 3-4-6　调制干油酥步骤

3. 下剂

将豆沙馅分成每个质量约为 15 克的剂子，如图 3-4-7 所示。

图 3-4-7　下剂

4. 开酥

开酥步骤如图 3-4-8 所示。

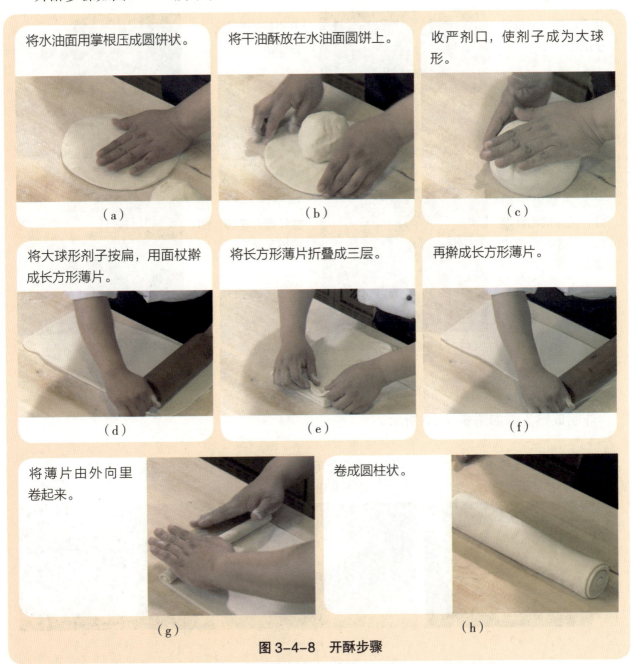

（a）将水油面用掌根压成圆饼状。
（b）将干油酥放在水油面圆饼上。
（c）收严剂口，使剂子成为大球形。
（d）将大球形剂子按扁，用面杖擀成长方形薄片。
（e）将长方形薄片折叠成三层。
（f）再擀成长方形薄片。
（g）将薄片由外向里卷起来。
（h）卷成圆柱状。

图 3-4-8　开酥步骤

5. 成形

成形步骤如图 3-4-9 所示。

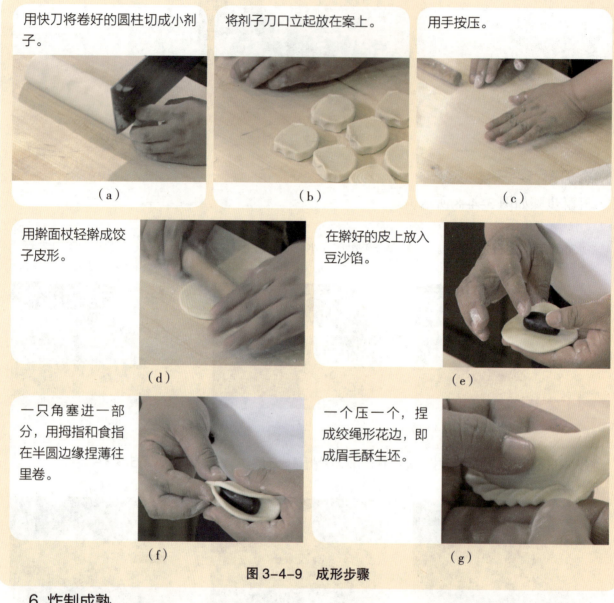

图 3-4-9　成形步骤

6. 炸制成熟

炸制成熟步骤如图 3-4-10 所示。

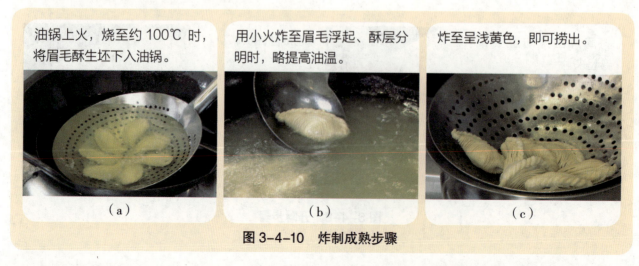

图 3-4-10　炸制成熟步骤

7. 装盘

将炸制好的成品装入餐盘中。

五、评价标准

评价标准见表3-4-1。

表 3-4-1 评价标准

评价内容	评价标准	满分	得分
成形手法	卷捏成形的手法正确	20	
成品标准	色泽微黄，形似秀眉，层次分明，酥松香甜	50	
装盘	成品与盛装器皿搭配协调，造型美观	5	
卫生	工作完成后，工位干净整齐，工具清洗干净并摆放入位	5	
核心价值观	学习态度端正、主动性与责任意识强	10	
	能吃苦，肯钻研、讲传统、有创新	10	
合计		100	

六、拓展任务

利用网络并查找相关书籍，完成下列任务：

（1）根据个人喜好，包制不同馅心，制作出不同口味的酥皮点心。

（2）根据个人喜好，可以在面团中添加菠菜汁、胡萝卜汁等，制作出美观的彩色酥皮点心，如图3-4-11所示。

图 3-4-11 彩色酥皮点心

任务五 岭南咖喱酥角的制作

一、任务描述

[内容描述]

岭南咖喱酥角,皮酥,馅香,深受人们喜爱。在面点厨房中,利用面粉、油、水调制两块面团油酥面,采用大包酥工艺,叠制成形手法,包入洋葱咖喱馅,烤制成熟,完成岭南咖喱酥角的制作。

[学习目标]

(1)了解大包酥工艺。
(2)掌握调制干油酥面团的技术要领。
(3)能够利用面粉、油、水调制水油面和干油酥。
(4)能够按照制作流程,在规定时间内完成岭南咖喱酥角的制作。
(5)培养学生养成卫生习惯并遵守行业规范。
(6)通过学习,增强学生们爱岗敬业、吃苦耐劳的高尚品德,同时激发学生对专业学习的自信心,提高学生的责任意识和职业素养。

二、相关知识

[岭南酥皮疏松原理]

(1)利用高熔点,乳化程度好的黄油擦制酥心,酥心有黏韧性,脂肪在高温下受热分解,产生膨胀力。
(2)利用劲度大的面粉擦制水皮,水皮的筋韧性在高温下受热糊化,产生表面张力。
(3)水皮和酥心分层折叠,表面张力和膨胀力结合,激发而形成膨胀力,达到层次分明、疏松起发的效果。

[岭南酥皮性质]

软硬度适中,有弹性,不粘手,层次要均匀,切口不粘刀,淡黄带白。

[岭南酥皮的特点]

起发程度大,层次分明,质地松软。

[咖喱]

咖喱起源于印度，是由多种香料调配而成的酱料，常见于印度菜、泰国菜和日本菜等，一般伴随肉类和饭一起吃。咖喱是一种变化多样及特殊地调过味的菜肴，最有名的是印度和泰国烹调法，而咖喱已经在亚太地区成为主流的菜肴之一。

对印度人来说，咖喱就是"把许多香料混合在一起煮"的意思，有可能是由数种甚至数十种香料所组成。组成咖喱的香料包括红辣椒、姜、丁香、肉桂、小茴香、肉豆蔻、芫荽子、芥末、鼠尾草、黑胡椒以及咖喱的主角——姜黄粉，等等。由这些香料所混合而成的统称为咖喱粉，也因此，每个家庭依其口味和喜好所调制出来的咖喱味道都不同。

[成品标准]

岭南咖喱酥角形如角状，酥层清晰，色泽金黄，脆松酥化，咸鲜香嫩，咖喱味浓，如图3-5-1所示。

图3-5-1 岭南咖喱酥角

三、制作准备

[设备与工具]

（1）设备：烤箱、冷冻柜、工作台。
（2）工具：和面盆、走槌、刮板、尺板、快刀、保鲜膜、平盘、蛋刷、马斗、盘子。

[原料与用量]

水油面、干油酥、馅料、装饰原料如图3-5-2~图3-5-5所示。

水油面：面粉250克、鸡蛋1个、白糖25克、清水125毫升、黄油100克。

    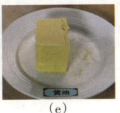

(a)   (b)   (c)   (d)   (e)

图3-5-2 水油面

干油酥：面粉250克、黄油300克。

图 3-5-3　干油酥

馅料：牛肉馅100克、洋葱10克、咖喱粉50克、植物油250毫升、生抽30毫升、精盐5克、白糖25克、味精5克、胡椒粉2克、淀粉30克、猪油50克、料酒10毫升。

图 3-5-4　馅料

装饰料：蛋黄、清水。

(a)

(b)

图 3-5-5　装饰料

四、制作过程

（一）制馅

制馅步骤如图 3-5-6 所示。

岭南咖喱酥角视频

将牛肉馅放入盆中，加入精盐、淀粉，腌制20分钟。
(a)

将洋葱洗净，用刀切成0.5厘米见方的粒。
(b)

锅上火烧热，倒入植物油。
(c)

图 3-5-6　制馅步骤

将牛肉馅煸炒熟。

(d)

将炒熟的牛肉馅倒入漏勺中控油。

(e)

锅中留底油,放入咖喱粉炒出香味。

(f)

放入洋葱煸炒。

(g)

当洋葱香味炒出后,再放入滑熟的牛肉馅翻炒。

(h)

加入白糖、胡椒粉、生抽、味精调味。

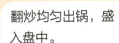

(i)

翻炒均匀出锅,盛入盘中。

(j)

摊薄晾凉,即成咖喱牛肉馅,放在一旁备用。

(k)

图 3-5-6　制馅步骤（续）

（二）制皮面

1. 调制水油面

调制水油面步骤如图 3-5-7 所示。

将过面箩的面粉放入盆中,加入鸡蛋、清水、白糖、黄油,一起拌和均匀。

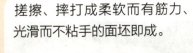

(a)

搓擦、摔打成柔软而有筋力、光滑而不粘手的面坯即成。

(b)

揉成光滑滋润的面坯,饧10分钟。

(c)

图 3-5-7　调制水油面步骤

2. 调制干油酥

调制干油酥步骤如图 3-5-8 所示。

| 面粉过面箩后置于案板上,与黄油搓擦和匀和透,均匀至无黄油颗粒。 | 干油酥面坯放入不锈钢长方盘上。 | 将铺平的干油酥盖上保鲜膜,放入冰箱略冻片刻。 |

(a)　(b)　(c)

图 3-5-8　调制干油酥步骤

(三) 开酥

开酥步骤如图 3-5-9 所示。

| 取出冻好的,软硬适中的干油酥和水油面,将水油面放在案板上,擀成长方形,干油酥放在水油面的一半处。 | 将水油面对叠包在干油酥外层并将接口的三面捏实。 | 用走槌擀成长方形面片。 |

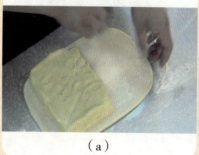　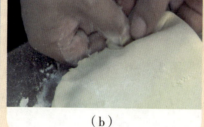　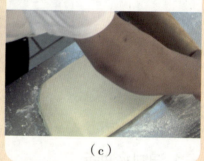

(a)　(b)　(c)

| 从两边向中间叠成四层。 | 盖上保鲜膜,放入冰箱冻10分钟。 | 10分钟后取出,再用走槌擀成长方形面片。 |

(d)　(e)　(f)

图 3-5-9　开酥步骤

| 再从两边向中间叠成四层，即成酥皮。 | 再放入冰箱略冻片刻，备用。 |

 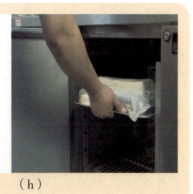

（g） （h）

图 3-5-9　开酥步骤（续）

（四）成形

成形步骤如图 3-5-10 所示。

| 将酥皮用走槌擀成厚约 3 毫米的长方形面片。 | 用快刀切成 6 厘米见方。 | 用刷子在酥皮的一角抹一些蛋液，将 10 克咖喱牛肉馅放在酥皮中间。 |

（a） （b） （c）

| 将酥皮对角折叠，黏在一起呈三角状，均匀码放在烤盘中。 | 在酥角生坯表面刷一层蛋液。 |

（d） （e）

图 3-5-10　成形步骤

（五）熟制

熟制步骤如图 3-5-11 所示。

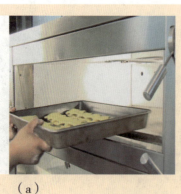
将生坯放入底火220℃、面火210℃的烤箱中。
（a）

烤约15分钟，至酥饺完全熟透，面皮呈金黄色时出炉。
（b）

图 3-5-11　熟制步骤

（六）装盘

将烤制成熟的岭南咖喱酥角码入盘中。

五、评价标准

评价标准见表 3-5-1。

表 3-5-1　评价标准

评价内容	评价标准	满分	得分
成形手法	咖喱酥角采用大包酥，叠制成形手法正确	20	
成品标准	形如角状，酥层清晰，色泽金黄，脆松酥化，咸鲜香嫩，咖喱味浓	50	
装盘	成品与盛装器皿搭配协调，造型美观	5	
卫生	工作完成后，工位干净整齐，工具清洗干净并摆放入位	5	
核心价值观	学习态度端正、主动性与责任意识强	10	
	能吃苦，肯钻研、讲传统、有创新	10	
	合计	100	

六、拓展任务

利用网络或者查找相关书籍，完成下列任务：

根据个人喜好制作出不同口味的咖喱酥，与家人分享如图 3-5-12 所示。

图 3-5-12　不同口味的咖喱酥

任务六　蛋黄酥的制作

 一、任务描述

[内容描述]

口感绝佳、令人难忘的蛋黄酥有香酥的外皮，入口即化的馅料，沙质感极强的蛋黄。在面点厨房中，利用面粉、油、水调制两块面团，采用小包酥工艺，卷叠成形手法，包入蛋黄豆沙馅、蛋黄馅，烤制成熟，完成蛋黄酥的制作。

[学习目标]

（1）了解小包酥的制作流程。

（2）了解小包酥酥层的形成。

（3）了解酥皮类制品的分类。

（4）能够按照制作流程，在规定时间内完成蛋黄酥的制作。

（5）培养学生养成卫生习惯并遵守行业规范。

（6）通过学习探索，力争努力将学生打造成为本专业的行家里手，培养学生们的工匠精神。

 二、相关知识

[小包酥工艺]

小包酥就是一次包一个或几个，根据制品的数量、质量要求来决定。包酥和擀制要注意均匀，少用生粉，卷紧，掌握好每个环节，这样才能制出好的制品来。

[酥层的形成]

层酥性面坯是由水油酥和干油酥两块不同质感的面坯组成的。由于干油酥有极强的起酥性，其被包入水油面内，经过叠、擀、卷等开酥工艺后，有分层、间隔水油面的作用；水油酥具有良好的延伸性，经擀、叠等工艺后不至于破裂，可以形成几个层次。

[层酥面团成品特点]

层酥面团制成的成品具有体积疏松、层次多样、口味酥香、营养丰富的特点。

[成品标准]

蛋黄酥层次丰富、呈球状，不塌、酥松香甜，如图 3-6-1 所示。

图 3-6-1 蛋黄酥

三、制作准备

[设备与工具]

（1）设备：案台、案板、炉灶、台秤、烤箱。
（2）工具：和面盆、笊篱、手勺、餐盘。

[原料与用量]

水油面、干油酥、馅料和装饰原料如图 3-6-2~ 图 3-6-5 所示。

水油面：面粉 200 克、猪油 70 克、白糖 10 克、清水 90 毫升。

   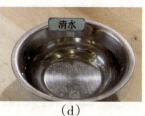

(a) (b) (c) (d)

图 3-6-2 水油面

干油酥：面粉 140 克、猪油 75 克。

(a) (b)

图 3-6-3 干油酥

馅料：咸鸭蛋黄 11 个、豆沙馅 400 克、朗姆酒 60 毫升。

图 3-6-4　馅料

装饰料：蛋黄液少许、黑芝麻 50 克。

图 3-6-5　装饰料

四、制作过程

（一）和面

1. 调制水油面

调制水油面步骤如图 3-6-6 所示。

将面粉过筛开窝，在窝中加入白糖和猪油，分次加入水。
（a）

将所有原料拌和均匀。
（b）

将面用掌根擦匀擦透。
（c）

将面摔打滋润。
（d）

将面揉匀揉透，揉光滑。
（e）

将揉制好的水油面盖上湿布饧面。
（f）

图 3-6-6　调制水油面步骤

2. 调制干油酥

调制干油酥步骤如图 3-6-7 所示。

将面粉和猪油混合均匀。

（a）

将混合均匀后的面团，用掌跟擦搓均匀。
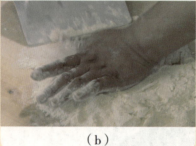
（b）

将擦搓均匀的面团和成干油酥。

（c）

图 3-6-7　调制干油酥步骤

（二）制馅

制馅步骤如图 3-6-8 所示。

将咸鸭蛋黄喷上朗姆酒、放在 150℃的烤箱中烤制 5~10 分钟，关火。

（a）

将豆沙馅切成质量约每个 15 克的剂子。
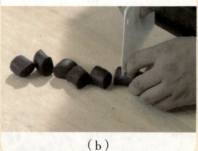
（b）

将豆沙馅剂子轻轻揉搓圆后包入咸鸭蛋黄。

（c）

图 3-6-8　制馅步骤

（三）成形

成形步骤如图 3-6-9 所示。

把水油酥面分成质量约为每个 15 克的剂子。

（a）

把干油酥分成质量约为每个 15 克的剂子。

（b）

图 3-6-9　成形步骤

| 任务六 蛋黄酥的制作 | 149

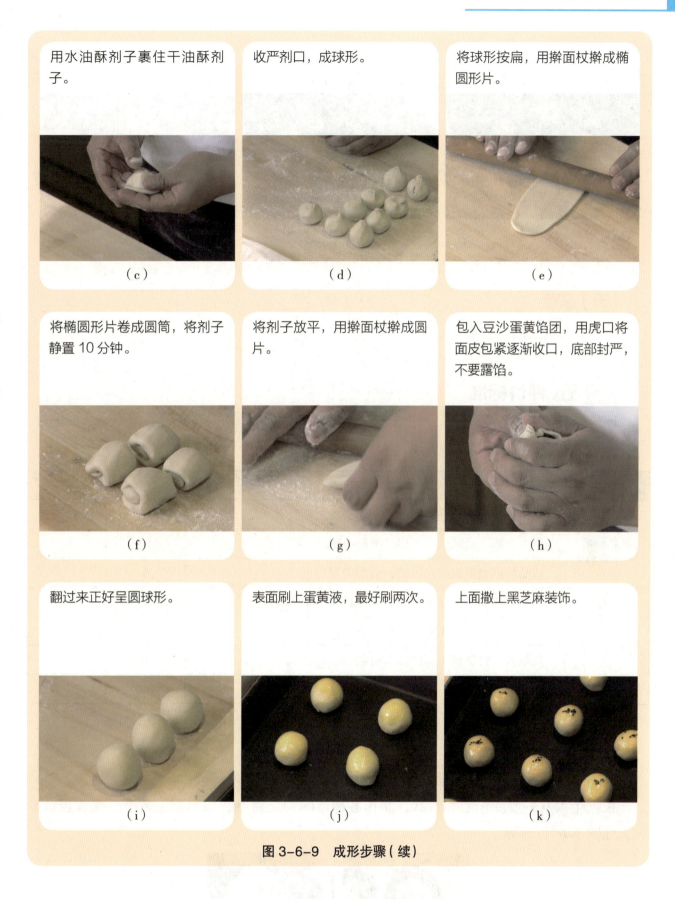

图 3-6-9 成形步骤（续）

（四）烤制成熟

烤制成熟步骤如图 3-6-10 所示。

将生坯码入干净的烤盘中。
（a）

将烤盘放入约200℃的烤箱中，烤制约20分钟。
（b）

烤制成金黄色即熟。
（c）

图 3-6-10　烤制成熟步骤

（五）装盘

将烤制好的成品装入餐盘中。

五、评价标准

评价标准见表 3-6-1。

表 3-6-1　评价标准

评价内容	评价标准	满分	得分
成形手法	采用小包酥，卷叠成形手法正确	20	
成品标准	层次丰富、呈球状、不塌、酥松香甜	50	
装盘	成品与盛装器皿搭配协调，造型美观	5	
卫生	工作完成后，工位干净整齐，工具清洗干净并摆放入位	5	
核心价值观	学习态度端正、主动性与责任意识强	10	
	能吃苦，肯钻研、讲传统、有创新	10	
合计		100	

六、拓展任务

利用网络或者查找相关书籍，完成下列任务：

根据个人喜好改变馅心和形状，制作各种口味的蛋黄酥，如枣泥蛋黄酥、莲蓉蛋黄酥等，如图 3-6-11 所示。

图 3-6-11　各种品味的蛋黄酥

任务七 叉烧酥的制作

一、任务描述

[内容描述]

广式名点叉烧酥以层酥面皮包裹叉烧馅料烤制而成,让无数人赞不绝口。在面点厨房中,利用面粉、黄油、鸡蛋等调制成两块面团油酥面,采用大包酥,叠折成形的手法,烤制成熟,完成叉烧酥的制作。

[学习目标]

(1)掌握叉烧酥面团调制技术要领。

(2)能够利用面粉、黄油、鸡蛋调制软硬适度的油酥面。

(3)能按照制作流程,在规定时间内完成叉烧酥的制作。

(4)培养学生养成卫生习惯并遵守行业规范。

(5)通过学习,让学生感受到学习知识和技能的重要性,培养学生不畏艰辛的学习态度和刻苦钻研的探索精神。

二、相关知识

[叉烧酥面团调制技术要领]

(1)搓擦时,黄油和面粉要搓匀,不要有黄油粒。

(2)叉烧酥面团是用油酥面包水皮面。要把油酥冰成硬里带软状态,擀成长方形,然后用油酥面包水皮面。操作要迅速,不然油酥易溶化,粘案又粘走槌(夏天操作更困难),可以每次擀开折一次即放入冰箱,连续折三次便成。油酥面包水皮面起收性好,入口松化,擀完不易干皮。

(3)油酥面搓匀后太软,水皮面搓擦成后,筋力太大,所以都要放入冰箱,使油酥有所硬化,水皮基本饧开。水皮放入冰箱时必须盖上湿布,以免干皮。

[成品表面刷蛋液的目的]

蛋液可以改变主坯的颜色,增加成品的色泽,如各式烘烤类点心。入炉前在其表面刷一层蛋液,是为了使成品色泽金黄发亮。

[叉烧酥烤制技术要领]

（1）烤制叉烧酥要控制好上下火，烤制时面火过大，成品面皮色重；烤制时面火过低，成品面皮色浅。烤制时底火过大，成品糊底；烤制时底火过低，成品底不熟。

（2）烤制叉烧酥要控制好烤制时间，如果烤制时间不够，油没有吊干，烤好的叉烧酥油大。

[成品标准]

叉烧酥酥层明朗，外形美观，脆松酥化，馅香浓郁，香酥可口，如图3-7-1所示。

图3-7-1　叉烧酥

 三、制作准备

[设备与工具]

（1）设备：案台、炉灶、台秤、烤盘、烤箱。

（2）工具：走槌、刮板、刀、拌馅盆、餐盘。

[原料与用量]

水油面、干油酥、馅料、装饰料如图3-7-2～图3-7-5所示。

图3-7-2　水油面

干油酥：面粉 80 克、黄油 40 克。

（a）

（b）

图 3-7-3　干油酥

馅料：叉烧肉 200g、叉烧酱 80g、白芝麻 15 克。

（a）

（b）

（c）

图 3-7-4　馅料

装饰料：蛋液 100 毫升、白芝麻 50 克。

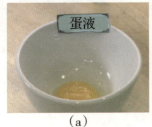
（a）

（b）

图 3-7-5　装饰料

四、制作过程

（一）叉烧馅的制作

叉烧馅的制作步骤如图 3-7-6 所示。

叉烧酥视频

将白芝麻炒至金黄色。

将叉烧肉切碎。

把炒香的白芝麻、叉烧碎与叉烧酱调和均匀，备用。

（a）

（b）

（c）

图 3-7-6　叉烧馅的制作步骤

（二）和面

1. 调制水油面

调制水油面步骤如图 3-7-7 所示。

| 将面粉过筛开窝，窝中加入黄油、白糖、鸡蛋、清水。 | 将窝中所有原料拌和均匀，揉匀搓透，调制成团。 |

（a）

（b）

| 将调制好的水油面摔打滋润。 | 将水油面封保鲜膜放入冰箱备用。 |

（c）

（d）

图 3-7-7　调制水油面

2. 调制干油酥

调制干油酥步骤如图 3-7-8 所示。

| 将面粉和黄油混合均匀。 | 将混合均匀后的面团，搓匀成干油酥，放入冰箱备用。 |

（a）

（b）

图 3-7-8　调制干油酥步骤

（三）开酥

开酥步骤如图 3-7-9 所示。

任务七 叉烧酥的制作

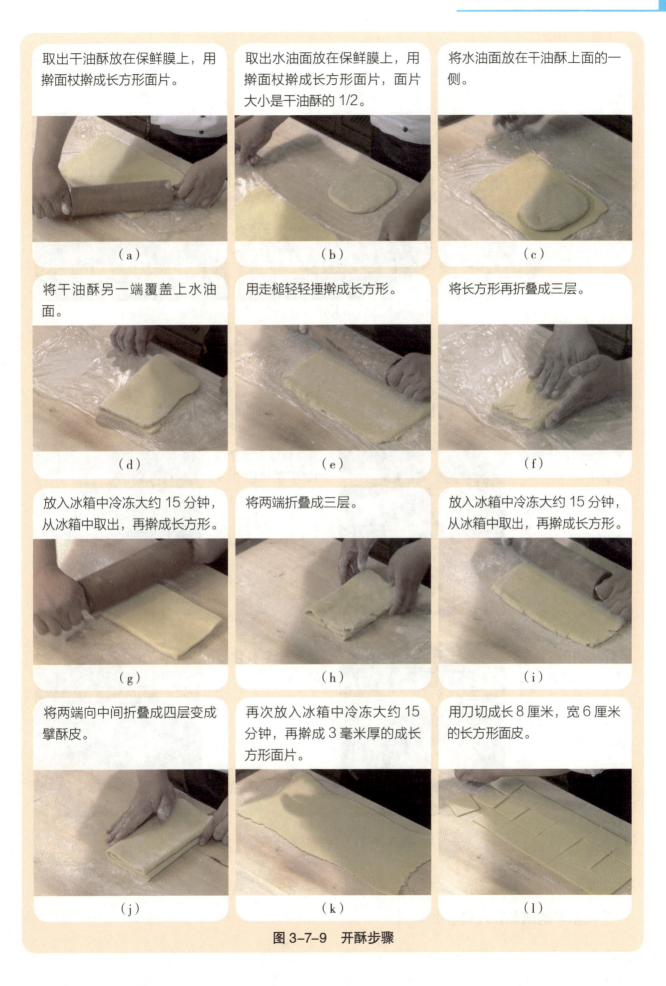

图 3-7-9 开酥步骤

(四)成形

成形步骤如图 3-7-10 所示。

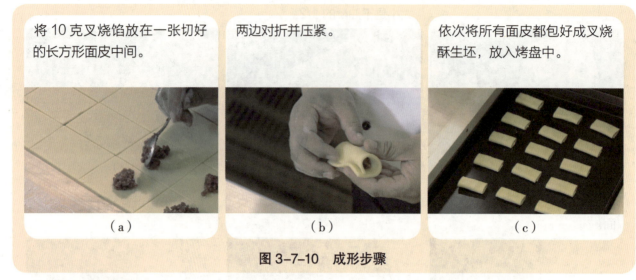

图 3-7-10　成形步骤

(五)烤制成熟

烤制成熟步骤如图 3-7-11 所示。

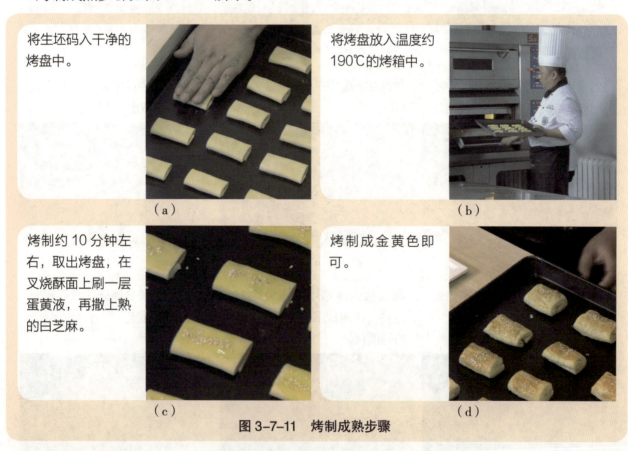

图 3-7-11　烤制成熟步骤

(六)装盘

将烤制好的成品装入餐盘中。

五、评价标准

评价标准见表 3-7-1。

表 3-7-1 评价标准

评价内容	评价标准	满分	得分
成形手法	叉烧酥采用叠折成形的手法正确	20	
成品标准	酥层明朗,外形美观,脆松酥化,馅香浓郁,香酥可口	50	
装盘	成品与盛装器皿搭配协调,造型美观	5	
卫生	工作完成后,工位干净整齐,工具清洗干净并摆放入位	5	
核心价值观	学习态度端正、主动性与责任意识强	10	
	能吃苦,肯钻研、讲传统、有创新	10	
合计		100	

六、拓展任务

利用网络或者查找相关书籍,完成下列任务:

根据个人喜好制作各种形状的叉烧酥,如图 3-7-12 所示。

图 3-7-12 各种形状的叉烧酥

任务八　黄桥烧饼的制作

一、任务描述

[内容描述]

黄桥烧饼得名于1940年10月著名的战役"黄桥决战",战役打响后,黄桥镇当地群众冒着敌人的炮火把烧饼送到前线阵地,谱写了一曲军爱民、民拥军的壮丽凯歌。

黄桥烧饼因首创于江苏省泰兴市黄桥镇而得名。外皮酥香,里层柔软,非常好吃,深受人们喜爱。在面点厨房中,根据顾客要求,利用面粉、油、水调制两块面团,采用大包酥,卷制,包入葱油馅,烤制成熟,完成黄桥烧饼的制作。

[学习目标]

(1)了解水油面松脆的性质及原理。
(2)了解层酥的形成原理。
(3)能够利用面粉、油、水调制成水油面和干油酥。
(4)能够按照制作流程,在规定时间内完成黄桥烧饼的制作。
(5)培养学生养成卫生习惯并遵守行业规范。
(6)通过学习探索,力争努力将学生打造成为本专业的行家里手,培养学生们的工匠精神。

二、相关知识

[水油面松脆的性质及原理]

水油面中粉状的颗粒被油脂包围后,由于吸不到水分而不能膨润,受热后容易"碳化"变脆,使主坯松脆。这就是水油面酥松、膨大、松脆的基本原理。

[层酥形成的原理]

层酥性主坯是由干油酥和水油面两块不同质感的主坯结合而成。水油面与干油酥相互结合后,由于干油酥中油脂的作用,水油面与干油酥不能相互黏合,经擀制,叠制形成层次。

| 任务八 黄桥烧饼的制作

[成品标准]

黄桥烧饼色泽金黄，外皮酥香，里层柔软，带有浓郁的火腿味和葱香味，如图3-8-1所示。

图3-8-1 黄桥烧饼

三、制作准备

[设备与工具]

（1）设备：案台、案板、炉灶、台秤、烤箱。
（2）工具：面箩、刀、油刷、尺板、和面盆、餐盘、配菜盘。

[原料与用量]

酵面皮用料、干油酥用料、馅心原料如图3-8-2~图3-8-4所示。

酵面皮用料：面粉500克、面肥100克、泡打粉10克、纯碱6克，沸水175毫升、常温清水100毫升。

干油酥用料：面粉200克、猪油100克。

馅心原料：生猪板油250克、金华火腿25克、葱100克、芝麻100、精盐5克、香油20毫升、味精5克。

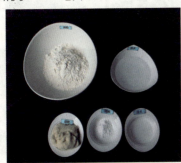

图3-8-2 酵面皮用料

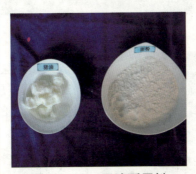

图3-8-3 干油酥用料

图3-8-4 馅心原料

四、制作过程

（一）制馅

制馅步骤如图3-8-5所示。

黄桥烧饼视频

图 3-8-5 制馅步骤

（二）和面

1. 调制烫酵面皮

调制烫酵面皮步骤如图 3-8-6 所示。

图 3-8-6 调制烫酵面皮步骤

2. 调制干油酥

调制干油酥步骤如图 3-8-7 所示。

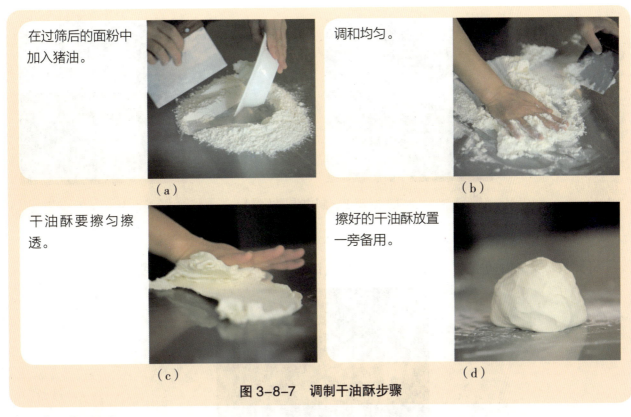

图 3-8-7 调制干油酥步骤

（三）制皮

制皮步骤如图 3-8-8 所示。

图 3-8-8 制皮步骤

揪成质量约 40 克一个的剂子。

将面剂按扁，擀成面皮。

(f)

(g)

图 3-8-8　制皮步骤（续）

（四）上馅

将面皮放入左手手心，右手用尺板将葱油馅装入皮内，如图 3-8-9 所示。

图 3-8-9　上馅

（五）成形

成形步骤如图 3-8-10 所示。

将剂口收紧收严。

呈圆球形。

将包成圆球形的生坯擀成椭圆形的饼状，排列在案板上。

将鸡蛋打散，把蛋液均匀刷在饼坯上。

蘸上白芝麻，并使其粘牢。

图 3-8-10　成形步骤

（六）熟制

熟制步骤如图 3-8-11 所示。

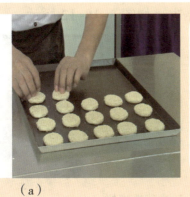
将蘸好芝麻的饼坯码入烤盘中。
（a）

放入底火、面火为 220℃ 的烤箱中，用旺火烤制成金黄色。
（b）

图 3-8-11　熟制步骤

（七）装盘

将烤制好的黄桥烧饼装入盘中。

五、评价标准

评价标准见表 3-8-1。

表 3-8-1　评价标准

评价内容	评价标准	满分	得分
成形手法	采用大包酥，卷制，包入葱油馅成形手法正确	20	
成品标准	色泽金黄，外皮酥香，里层柔软，带有浓郁的火腿和葱香味	50	
装盘	成品与盛装器皿搭配协调，造型美观	5	
卫生	工作完成后，工位干净整齐，工具清洗干净并摆放入位	5	
核心价值观	学习态度端正、主动性与责任意识强	10	
	能吃苦，肯钻研、讲传统、有创新	10	
	合计	100	

六、拓展任务

利用网络或者查找相关书籍，完成下列任务：

根据个人的喜好制作出不同口味的黄桥烧饼，如图3-18-12所示。

图3-8-12　各式黄桥烧饼

单元四 其他面团

单元导读

一、任务内容

本单元介绍其他面团的相关知识和技能。

其他面团包括米粉面团和杂粮面团。米粉面团是指以稻米和水为主要原料、适当添加其他原料制成的面点制品；杂粮面团是指以除稻谷、小麦、大豆以外的如禾谷类、豆类、薯类、蔬菜类等原料调制的面团。汤圆、麻团和小枣粽子属于米粉面团制品，小窝头属于杂粮制品，维萝豆沙柿属于蔬菜类面团，虾饺属于澄面面团，全蛋萨其马属于蛋和面团，莲蓉蛋黄月饼属于糖浆皮面团。

二、任务简介

用包捏成形的手法制作汤圆、麻团；用捏制成形的手法制作小窝头、维萝豆沙柿、虾饺；用包裹的手法制作粽子；用切制成形的手法制作全蛋萨其马；用模具成形的手法制作莲蓉蛋黄月饼。

三、职业素养与核心价值观

通过单元学习，不仅注重知识技能的培训，更注重职业素养和道德品质教育，着重培养学生的规范意识、服务能力和人文精神。使学生们了解我国传统饮食文化发展历程，领略中华传统文化的博大精深。增强学生对传统的节日的了解，引导他们学习解悟工匠精神，用创造构建未来，爱岗敬业、崇尚劳动、吃苦耐劳，同时激发学生的爱国热情和民族自豪感与自信心，培养学生的职业精神和工匠精神。

任务一 黑芝麻汤圆的制作

一、任务描述

[内容描述]

元宵节早在西汉时期就有了，和其他传统节日强调"阖家团聚"不同，元宵节更强调"普天同庆"。正因如此，在中国民间有"正月十五闹元宵"的习俗。这个传承已有两千多年了，不仅盛行于大江南北，就是在海外华人的聚居区也年年欢庆不衰。

每年农历正月十五，我国人民都有吃汤圆的习俗。在面点厨房中，根据顾客要求，利用米粉加冷水调制成软硬适度的米粉面团，采用捏制成形的手法，煮制成熟，一碗热气腾腾的黑芝麻汤圆就完成了。

[学习目标]

（1）了解米粉面团的分类及特性。
（2）能够利用米粉、水调制软硬适度的米粉面团。
（3）能够按照制作流程，规定时间内完成黑芝麻汤圆的制作。
（4）培养学生养成卫生习惯并遵守行业规范。
（5）通过学习，使学生们了解我们的传统饮食文化，领略中华传统文化的博大精深，引导他们学习解悟工匠精神。

二、相关知识

[米粉面团的分类及特性]

1. 米粉面团的分类

米粉面团按面团性质可分为米糕类面团、米粉类面团和米浆类面团。

2. 米粉面团的特性

米糕类面团：成品根据工艺又分为松质糕和黏质糕。松质糕具有多孔，无弹性、韧性，可塑性差，口感松软，成品大多为甜味，如白米糕；而黏质糕黏、韧、软、糯，成品多为甜味，如桂花年糕。

米粉类面团：有一定的韧性和可塑性，可包多卤的馅心，口感润滑、黏糯，如各式汤圆。

米浆类面团：体积稍大，有细小的蜂窝，口感黏软，如定胜糕。

[汤圆煮制的技术要点]

（1）煮制汤圆时水量要多。

（2）煮时需要点几次水，才能内外俱熟。

（3）煮制时，制品容易沉底，特别是刚下锅时，必须随下锅随用工具轻轻搅动，使之浮起，防止粘底，以免煮烂。

（4）因煮熟的制品比较容易破裂，捞出时要又快又准。

[成品标准]

黑芝麻汤圆色泽洁白，大小均匀，吃口软糯香甜，如图4-1-1所示。

图 4-1-1　黑芝麻汤圆

 三、制作准备

[设备与工具]

（1）设备：案台、案板、炉灶、台秤、煮锅。

（2）工具：和面盆、笊篱、手勺、汤碗。

[原料与用量]

皮料和馅料如图4-1-2和图4-1-3所示。

皮料：糯米粉500克、清水250毫升。

(a)　(b)

图 4-1-2　皮料

馅料：黑芝麻500克、黄油100克、白糖300克。

(a)　(b)　(c)

图 4-1-3　馅料

四、制作过程

(一)黑芝麻馅的制作

黑芝麻馅的制作步骤如图 4-1-4 所示。

(a) 将黑芝麻淘洗干净。

(b) 放在干净的炒锅中炒干水分并炒香。

(c) 将炒香的黑芝麻用打粉机搅拌成粉状。

(d) 将打碎的黑芝麻放在大碗中,加入白糖及黄油,搅拌均匀。

(e) 将所有用料搅和均匀后,能成团即可。

图 4-1-4 黑芝麻馅的制作步骤

(二)汤圆的制作

1. 和面

和面步骤如图 4-4-5 所示。

(a) 将糯米粉放入干净的盆中。

(b) 在盆中分次加入清水。

(c) 和成软硬适度的米粉面团。

图 4-1-5 和面步骤

2. 饧面

将和好的面团盖上一块干净的湿布，放置 20~30 分钟，如图 4-1-6 所示。

3. 切剂

将粉团搓成长条并切成质量约为每个 20 克的小剂子，如图 4-1-7 所示。

图 4-1-6　饧面

图 4-1-7　切剂

4. 成形

成形步骤如图 4-1-8 所示。

图 4-1-8　成形步骤

5. 煮制

煮制步骤如图 4-1-9 所示。

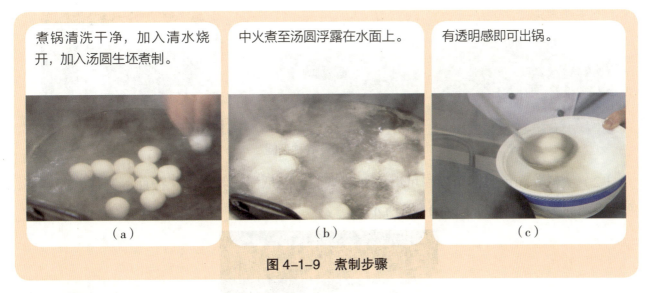

图 4-1-9 煮制步骤

6. 装碗

将煮熟后的汤圆带水盛入碗中。

五、评价标准

评价标准见表 4-1-1。

表 4-1-1 评价标准

评价内容	评价标准	满分	得分
成形手法	汤圆采用捏制成形的手法正确	20	
成品标准	成圆形，色泽洁白，大小均匀，吃口软糯香甜	50	
装盘	成品与盛装器皿搭配协调，造型美观	5	
卫生	工作完成后，工位干净整齐，工具清洗干净并摆放入位	5	
核心价值观	学习态度端正、主动性与责任意识强	10	
	能吃苦，肯钻研、讲传统、有创新	10	
合计		100	

六、拓展任务

利用网络或者查找相关书籍，完成下列任务：

（1）根据个人喜好改变馅心，制作各种汤圆，如花生汤圆、豆沙汤圆、紫米汤圆和水果汤圆等，如图 4-1-10 所示。

图 4-1-10　各种汤圆

（2）从营养和色彩的角度，可以添加紫米面、南瓜泥、荞麦面、莜面等制作营养丰富、色彩美观的多彩汤圆，如图 4-1-11 所示。

图 4-1-11　多彩汤圆

任务二 麻团的制作

一、任务描述

[内容描述]

麻团是一种古老而传统的特色点心,深受大家喜爱。在面点厨房中,利用糯米粉调制米粉面团,面团内裹入黑芝麻馅,采用包捏成形的手法,通过炸制完成麻团的制作。

[学习目标]

(1)了解米粉面团性能特点及其制品的种类。

(2)能够利用糯米粉调制米粉面团。

(3)能按照制作流程,在规定时间内完成麻团的制作。

(4)培养学生养成卫生习惯并遵守行业规范。

(6)通过学习,增强学生们爱岗敬业、吃苦耐劳的高尚品德,同时激发学生对专业学习的自信心,提高学生的责任意识和职业素养。

二、相关知识

[认识米粉面团]

1. 米粉面团的定义

米粉面团是指用米粉掺水(或添加其他辅料)调制而成的面团。由于米的种类较多,如糯米、粳米、籼米等,因此可以调制出不同的米粉面团。如适当运用制法,就能制成各种点心,如糕、团、饼等。

2. 米粉面团的特点

(1)黏性强、韧性差。

米粉面团的主要成分是淀粉,而且以支链淀粉为主,其特性是不溶于冷水,在热水中能大量吸水膨胀,黏性特强但韧性差。

(2)调制米粉面团时,为了易成团,往往使用部分热水(或熟浆)。

由于米粉中占多数的支链淀粉的特性决定的,因此调制米粉面团往往采用"煮芡"和"烫粉"的方法来辅助操作。

（3）为了使麻团软硬适度，常采用各种掺粉方法制作。

常用的掺粉方法有糯米粉、粳米粉与籼米粉掺和，米粉与面粉掺和，米粉与杂粮粉掺和。

[油温知识]

冷油温：油温约一二成热（30~60℃），油面平静，原料下锅时无反应。适用油酥花生、油酥腰果。

低油温：油温三四成热（90~120℃），油面平静，有少许气泡，略有沙沙声，无青烟。适用于干熘，干料涨发，具有保鲜嫩、除水分的作用。

中油温：油温五六成热（150~180℃），油面波动，气泡较多，哗哗声，有少量青烟从锅四周向中间翻动。适用于炒、炝、炸，有使酥皮增香、使原料不易碎的作用。

高油温：油温七八成热（210~240℃），油面平静，有大量气泡，搅动时噼啪响，冒青烟。适用于爆和重油炸，有脆皮和凝结原料表面的作用。

图 4-2-1　麻团

[成品标准]

麻团形圆心空，色泽金黄，外酥内软，香甜可口，如图 4-2-1 所示。

三、制作准备

[设备与工具]

（1）设备：案台、案板、炉灶、台秤、炸锅。

（2）工具：和面盆、走槌、笊篱、手勺、吸油纸、餐盘。

[原料与用量]

皮料、馅料、辅料，如图 4-2-2~图 4-2-4 所示。

图 4-2-2　皮料

皮料：糯米粉 500 克、白糖 200 克、小苏打 5 克、泡打粉 10 克、清水 350 毫克。

图 4-2-3　馅料

馅料：白糖 500 克、黑芝麻 150 克、熟面粉 50 克、猪油 100 克、桂花酱 25 克。

图 4-2-4　辅料

辅料：去皮白芝麻 500 克。

四、制作过程

1. 制馅

制馅步骤如图 4-2-5 所示。

将熟制好的黑芝麻擀碎。
（a）

将擀碎的黑芝麻放入容器中，加入白糖。
（b）

加入猪油。
（c）

加入过筛的熟面粉。
（d）

将所有原料搅拌均匀。
（e）

将拌好的馅料倒入平盘中。
（f）

将黑芝麻馅料铺平，压实。
（g）

盖上保鲜膜，放入冰箱略冻即成。
（h）

将冻过的黑芝麻馅取出，切成 1.5 厘米见方的丁，备用。
（i）

图 4-2-5　制馅步骤

2. 和面

和面步骤如图 4-2-6 所示。

（a）
在和面盆中加入汤圆面、小苏打、泡打粉、白糖。

（b）
分几次加入清水拌均匀。

（c）
将面团揉匀揉透，调制成软硬适度的面团。

图 4-2-6　和面步骤

3. 饧面

将和好的面团盖上一块干净的湿布，放置 10~15 分钟，如图 4-2-7 所示。

4. 搓条

用双手掌跟来回推搓，边推边搓，搓成粗细均匀的圆形长条，如图 4-2-8 所示。

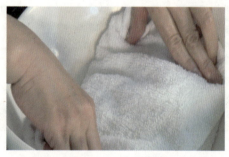

图 4-2-7　饧面

图 4-2-8　搓条

5. 下剂

用刮刀切成大小一致的面剂，每个剂子质量约 25 克，如图 4-2-9 所示。

6. 制皮

将剂子放在手心中搓圆后，压成薄厚均匀的小圆皮，如图 4-2-10 所示。

图 4-2-9　下剂

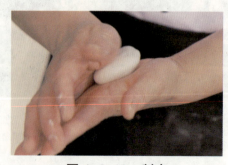

图 4-2-10　制皮

7. 成形

成形步骤如图 4-2-11 所示。

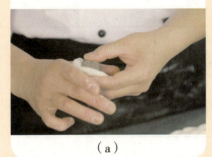
（a）
将黑芝麻馅心放在面皮中间。

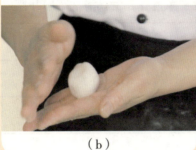
（b）
收口要严紧，防止馅露出，呈圆球形。

（c）
将包好的生坯外表均匀裹上白芝麻，即成生坯。

图 4-2-11　成形步骤

8. 熟制

熟制步骤如图 4-2-12 所示。

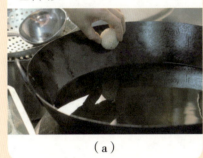
（a）
在锅中放入油，烧至七八成热后关火，把生坯沿锅边滚下；此时手勺沿锅边推油，带动生坯转动。

（b）
当生坯上浮后，开小火并逐渐加温，用手勺拨动生坯使其旋转。

（c）
炸至金黄色即可出锅。

图 4-2-12　熟制步骤

9. 装盘

将制好的麻团放入红、绿樱桃点缀后码入盘中。

五、评价标准

评价标准见表 4-2-1。

表 4-2-1　评价标准

评价内容	评价标准	满分	得分
成形手法	麻团采用包捏成形的手法正确	20	
成品标准	形圆心空，色泽金黄，外酥内软，香甜可口	50	

续表

评价内容	评价标准	满分	得分
装盘	成品与盛装器皿搭配协调，造型美观	5	
卫生	工作完成后，工位干净整齐，工具清洗干净并摆放入位	5	
核心价值观	学习态度端正、主动性与责任意识强	10	
	能吃苦，肯钻研、讲传统、有创新	10	
合计		100	

六、拓展任务

利用网络或者查找相关书籍，完成下列任务：

用相同的米粉面团，利用不同馅心（紫薯、五仁、枣泥、莲蓉、椰蓉等）制成各式麻团，如图 4-2-13 所示。

图 4-2-13　各式麻团

任务三 小窝头的制作

 一、任务描述

[内容描述]

小窝头,传说是清代慈禧太后喜爱的一种宫廷食品。在面点厨房中,利用玉米面加冷水调制成软硬适度的杂粮面团,采用捏制成形的手法,蒸制成熟,一个小窝头就制作好了。

[学习目标]

(1)了解杂粮面团及玉米面团的概念和性质。

(2)能够利用玉米面加水制软硬适度的玉米面团。

(3)能够按照制作流程,在规定时间内完成小窝头的制作。

(4)培养学生养成卫生习惯并遵守行业规范。

(5)通过课堂学习,增强学生对本专业的学习意识,对树立正确的人生观和价值观起到了引领作用,培养学生的专业精神和职业精神。

 二、相关知识

[杂粮面团及玉米面团的概念和性质]

杂粮面团是指除稻米、小麦以外的粮食作物为主要原料,添加辅助原料调制的面坯,如玉米面团、高粱面团、莜面面团等。

玉米面团是指玉米面加水调制而成的面团。玉米面有粗细之别。其粉质不论粗细,性质随玉米品种不同,有所差异。多数玉米韧性差,松散而发硬,不易吸潮变软。糯性玉米面有一定的黏性和韧性,质地较软,吸水较慢,和面时需要用力揉搓。

[调制玉米面团的技术要点]

1. 分次加水

由于玉米面吸水较多且较慢,因此和面时,应分次将水加入面中,且留出足够的饧面时间。

2. 增加馅心黏稠性

普通玉米面没有韧性和延伸性,因此在制作带馅的玉米面品种时,应该尽可能增加馅心的黏稠性，使成品不容易散碎。

3. 适当使用小苏打

用玉米渣煮粥焖饭或用玉米面制作面食时，可以适当使用小苏打。因为小苏打不会破坏玉米中的烟酸，反而会提高烟酸的吸收率。同时，使用小苏打还可以使粥更黏稠，面坯口感更松软，从而增加了成品的适口性。

[成品标准]

小窝头色泽金黄，呈圆锥形，上尖下圆，底部有一个洞，口味香甜，如图 4-3-1 所示。

图 4-3-1　小窝头

三、制作准备

[设备与工具]

（1）设备：案台、炉灶、台秤、蒸锅。
（2）工具：和面盆、刮板、保鲜膜、餐盘。

[原料与用量]

皮料如图 4-3-2 所示。

皮料：细玉米面 200 克、黄豆面 50 克、白糖 100 克、小苏打 2 克、桂花酱 30 克、温水 100 毫升、蛋黄 2 个。

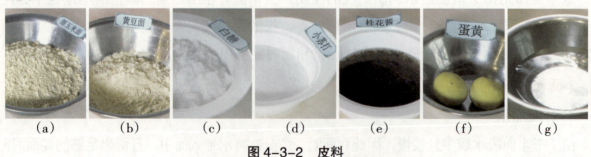

图 4-3-2　皮料

四、制作过程

1. 和面

和面步骤如图 4-3-3 所示。

（a）

（b）

将细玉米面、黄豆面、白糖、小苏打、桂花酱依次放入和面盆中，把熟蛋黄压碎放入盆中。

分次加入温水，调制成软硬适度的玉米面坯。

图 4-3-3　和面步骤

2. 饧面

将揉好的玉米面坯用保鲜膜包起来，饧 20~30 分钟，如图 4-3-4 所示。

图 4-3-4　饧面

3. 搓条

搓条步骤如图 4-3-5 所示。

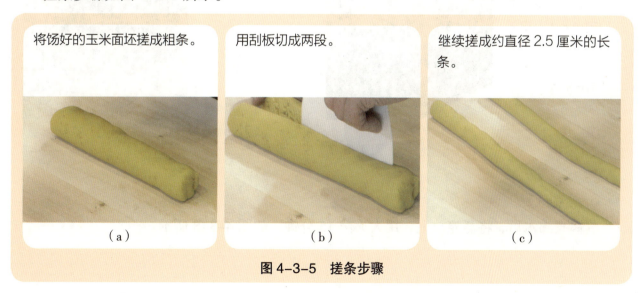

将饧好的玉米面坯搓成粗条。　　用刮板切成两段。　　继续搓成约直径 2.5 厘米的长条。

（a）　　　　　　　　　　（b）　　　　　　　　　　（c）

图 4-3-5　搓条步骤

4. 下剂

下剂步骤如图 4-3-6 所示。

将搓好的粗条切成每个质量约 20 克的小面剂。

（a）

将小面剂并搓圆。

（b）

图 4-3-6　下剂步骤

5. 成形

成形步骤如图 4-3-7 所示。

左手沾上少许桂花酱。

（a）

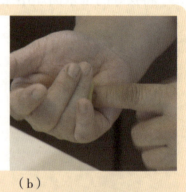
取一小面团放在右手掌上，用左手食指从中间戳入。

（b）

左手食指顶住剂子，右手掌窝起，食指开始旋转，洞口由小渐大、由浅至深，形成一个空洞，圆锥状的小窝头就做好了。

（c）

将捏制好的小窝头生坯放入铺有屉布的小笼屉中。

（d）

图 4-3-7　成形步骤

6. 蒸制成熟

蒸锅煮沸水后，将蒸笼放上，用大火蒸 15 分钟，如图 4-3-8 所示。

图 4-3-8 蒸制成熟

7. 装盘

将蒸制好的小窝头装入餐盘。

五、评价标准

评价标准见表 4-3-1。

表 4-3-1 评价标准

评价内容	评价标准	满分	得分
成形手法	采用捏制成形的手法正确	20	
成品标准	色泽金黄，呈圆锥形，上尖下圆，底部有个洞，口味香甜	50	
装盘	成品与盛装器皿搭配协调，造型美观	5	
卫生	工作完成后，工位干净整齐，工具清洗干净并摆放入位	5	
核心价值观	学习态度端正、主动性与责任意识强	10	
	能吃苦，肯钻研、讲传统、有创新	10	
	合计	100	

六、拓展任务

利用网络或者查找相关书籍，完成下列任务：

在玉米面团中添加紫米面、南瓜泥、荞麦面、莜面等，制作出营养丰富、色彩丰富的各式小窝头，如图 4-3-9 所示。

图 4-3-9 各式小窝头

任务四 小枣粽子的制作

一、任务描述

[内容描述]

端午节也叫做龙节,源自天象崇拜,端午节的起源涵盖了古老的星象文化和人文哲学等内容,在传承发展中又杂揉了多种民俗,其中赛龙舟和吃粽子是代表习俗。后来由于楚国大夫屈原在端午节的时候投江而死,人们用粽子投江来纪念屈原的忠义。因此端午节吃粽子有"龙图腾崇拜民族的祭祖日"和"纪念屈原"两种含义。

农历五月初五是我国的传统佳节——端午节,在这一天我国人民有吃粽子的习俗。在面点厨房中,根据顾客要求,将糯米用凉水泡透加入小枣用苇叶或竹叶包裹成正面为正三角形,后面隆起一只尖角,状如锥子的小枣粽子,煮制成熟,完成小枣粽子的制作。

[学习目标]

(1) 了解糯米及糯米制品的性质及特点。
(2) 能够根据要求泡制糯米。
(3) 能够按照制作流程,在规定时间内完成小枣粽子的制作。
(4) 培养学生养成卫生习惯并遵守行业规范。
(5) 通过学习,使学生们了解我们的传统饮食文化,领略中华传统文化的博大精深,引导他们学习解悟工匠精神。

二、相关知识

[糯米的特点]

糯米的特点是硬度低、黏性大、胀性小,色泽乳白不透明,但成熟后有透明感,可分为籼糯米和粳糯米两种。粳糯米粒阔扁、呈圆形,其黏性较大,品质较佳;而籼糯米则粒细长,黏性较差、米质硬,不易煮烂。

[糯米的泡制]

(1) 用清水淘洗干净糯米,浸泡时清水一定要淹没糯米,水一定要添加足,让糯米充分吸收水分。

(2) 浸泡糯米时间要足,约12小时,如天热,中间要多换几次水,防止糯米产生酸味。

[粽子煮制的技术要点]

（1）煮制粽子时，要一次将水加足，不能中途补水，因为中间加水会导致糯米粒夹生。

（2）掌握合适的火力，一般先大火将水烧开，再改用小火慢慢煮制约2小时，这样煮制出的粽子软硬适宜。

[成品标准]

小枣粽子软糯香甜，粽叶清香，形状美观，如图4-4-1所示。

三、制作准备

[设备与工具]

（1）设备：案台、案板、炉灶、台秤、煮锅。

（2）工具：和面盆、笊篱、手勺、剪刀、餐盘。

[原料与用量]

皮料和馅料如图4-4-2~图4-4-3所示。

图4-4-1　小枣粽子

图4-4-2　皮料

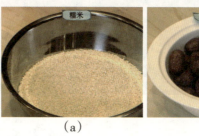

图4-4-3　馅料

四、制作过程

1. 糯米、小枣、苇叶、马莲的处理

糯米、小枣、苇叶、马莲的处理步骤如图4-4-4所示。

小枣粽子视频

（a）

（b）

（c）

图4-4-4　糯米、小枣、苇叶、马莲的处理步骤

2. 粽子的成形

粽子的成形步骤如图 4-4-5 所示。

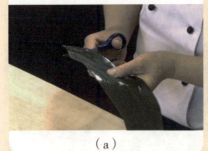

取苇叶，剪去两头。

（a）

从中间弯折成三角漏斗形。

（b）

斗内放入泡好的糯米和小枣。

（c）

再放入糯米，与斗口高度相平。

（d）

将斗口上部的苇叶折下并包住斗口。

（e）

将泡软的马莲拦腰捆紧系好。

（f）

图 4-4-5　粽子的成形步骤

3. 煮制成熟

煮制成熟步骤如图 4-4-6 所示。

将煮锅清洗干净，加入清水，将包好的粽子码入煮锅内，水一定要没过粽子。

（a）

盖上锅盖，上火煮约 60 分钟左右。

（b）

图 4-4-6　煮制成熟步骤

4. 装盘

将煮制好的小枣粽子装入餐盘中码好。

五、评价标准

评价标准见表 4-4-1。

表 4-4-1　评价标准

评价内容	评价标准	满分	得分
成形手法	粽子成形采用包裹的手法正确	20	
成品标准	软糯香甜，粽叶清香，形状美观	50	
装盘	成品与盛装器皿搭配协调，造型美观	5	
卫生	工作完成后，工位干净整齐，工具清洗干净并摆放入位	5	
核心价值观	学习态度端正、主动性与责任意识强	10	
	能吃苦，肯钻研、讲传统、有创新	10	
合计		100	

六、拓展任务

利用网络或者查找相关书籍，完成下列任务：

（1）根据个人喜好改变馅心和原料的组成，制作各种口味的粽子，如八宝粽子、豆沙粽子、咸肉粽子等，如图 4-4-7 所示。

图 4-4-7　各种口味的粽子

（2）根据个人喜好制作各种形状的粽子，如图 4-4-8 所示。

图 4-4-8　各种形状的粽子

任务五　萨其马的制作

一、任务描述

[内容描述]

萨其马原是满族的传统食品,现成为北京名小吃,深受大众喜爱。在面点厨房中,根据顾客要求,利用面粉、鸡蛋等原料调制蛋和面团、将面团擀制切条、炸条,再将熬好的糖浆均匀洒在炸制好的面条上拌和均匀,倒入盘中拍压成形,凉透后切制成形,完成萨其马制作任务。

[学习目标]

（1）了解蛋和面团的定义及分类。
（2）能够按比例调制好蛋和面团。
（3）能够按照制作流程,在规定时间内完成萨其马的制作。
（4）培养学生养成卫生习惯并遵守行业规范。
（5）通过学习探索,力争努力将学生打造成为本专业的行家里手,培养学生们的工匠精神。

二、相关知识

[蛋和面团的定义及分类]

蛋和面团,就是面团中含有蛋液或以蛋液为主要黏合剂的面团。通常以鲜鸡蛋为首选,一般不用水禽蛋。

蛋和面团又可分为纯蛋面团、油蛋面团、水蛋面团和水油蛋面团。

1. 纯蛋面团

纯蛋面团是以鲜蛋液与面粉为原料调制而成的面团,本任务中的萨其马使用的就是该面团。这种面团制品像煮制成熟的绉纱小馄饨,口感滑爽,不易糊烂。这种面团制品是炸制方法成熟的萨其马,其制品口感酥、松、香、脆。

2. 油蛋面团

油蛋面团是在面粉中加入鲜蛋液和油脂调制而成的面团,如油蛋糕、曲奇饼干等。

3. 水蛋面团

水蛋面团是以面粉、鲜蛋液、水为原料调制而成的面团。此制品爽滑有咬劲，如伊府面。

4. 水油蛋面团

水油蛋面团是在面粉中加入水、油、鲜蛋液调制而成的面团，可用来制作煎、炸、烤等制品，如金钱酥饼。

[成品标准]

萨其马色泽淡黄，点缀别致，组织膨松，口感细软松润，香甜可口，如图 4-5-1 所示。

图 4-5-1　萨其马

三、制作准备

[设备与工具]

（1）设备：案台、案板、炉灶、台秤、熬糖专用锅、炸锅。

（2）工具：面箩、擀面杖、铲子、刀、模具、油刷、笊篱、手勺、刮板、和面盆、餐盘。

[原料与用量]

皮料、糖浆原汁和装饰料如图 4-5-2~图 4-5-4 所示。

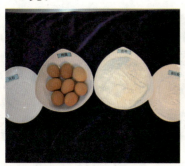

皮料：面粉 500 克、鸡蛋 400 克、泡打粉 20 克、臭粉 0.3 克。

图 4-5-2　皮料

糖浆原料：麦芽糖 400 克、白糖 500 克、清水 200 毫升。

图 4-5-3　糖浆原料

装饰料：樱桃 10 颗、熟芝麻 100 克、青梅 100 克、玉米淀粉 300 克。

图 4-5-4　装饰料

四、制作过程

1. 和面

和面步骤如图 4-5-5 所示。

将面粉过筛后放在案板上，开成窝形。
（a）

将泡打粉、臭粉放在窝中。
（b）

在窝中加入鸡蛋，用手搅散。
（c）

将面揉匀揉透，调制成软硬适度的面团。
（d）

盖上保鲜膜，约饧15分钟。
（e）

图 4-5-5　和面步骤

2. 擀皮

擀皮步骤如图 4-5-6 所示。

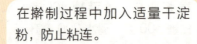
用擀面杖擀制面团。

在擀制过程中加入适量干淀粉，防止粘连。

用擀面杖把面擀成2毫米厚的长薄片。

（a）　　（b）

（c）

图 4-5-6　擀皮步骤

3. 制条

制条步骤如图 4-5-7 所示。

将擀好的面片卷在擀面杖上,沿擀面杖顶端用刀划开。
(a)

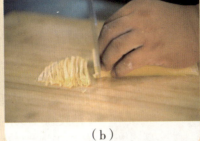
将切开的面片折叠,切成细面条。
(b)

将面条撒放在面板上备用。
(c)

图 4-5-7　制条步骤

4. 炸制

炸制步骤如图 4-5-8 所示。

取干净的面盆,在里面刷上薄油备用。
(a)

在锅内放入花生油,烧至七成热。
(b)

下入切好的细面条。用漏勺反复翻动,以保证色泽均匀,炸至金黄。
(c)

将炸好的面条放入刷过油的面盆内备用。
(d)

图 4-5-8　炸制步骤

5. 熬糖浆

熬糖浆步骤如图 4-5-9 所示。

单元四　其他面团

（a）将干净的锅置于火上，加入清水。

（b）然后放入绵白糖。

（c）待完全溶化后加入麦芽糖。

（d）加入几滴柠檬汁，防止糖浆翻砂。

（e）将糖浆熬成黏稠状（糖浆滴入冷水中，能用手揉成软体状时，即可关火停止熬制）。

图 4-5-9　熬糖浆步骤

6. 成形

成形步骤如图 4-5-10 所示。

（a）取一长盘，刷一层薄油。

（b）在刷好油的长盘里均匀撒入适量熟芝麻备用。

（c）将熬好的糖浆均匀洒在炸好的面条上。

（d）用刷过油的铲子抄拌均匀。

图 4-5-10　成形步骤

| 倒入撒好芝麻的长盘内。 | 拍压成形,厚薄均匀。 | 晾凉后,在案板上,切成日字形小块。 |

(e)　　　　　　　　(f)　　　　　　　　(g)

图 4-5-10　成形步骤(续)

7. 装盘

将制成的萨其马用樱桃和青梅点缀后放入盘中。

五、评价标准

评价标准见表 4-5-1。

表 4-5-1　评价标准

评价内容	评价标准	满分	得分
成形手法	萨其马采用切制成形手法正确	20	
成品标准	色泽淡黄,点缀别致,组织膨松,口感细软松润,香甜可口	50	
装盘	成品与盛装器皿搭配协调,造型美观	5	
卫生	工作完成后,工位干净整齐,工具清洗干净并摆放入位	5	
核心价值观	学习态度端正、主动性与责任意识强	10	
	能吃苦,肯钻研、讲传统、有创新	10	
	合计	100	

六、拓展任务

利用网络或者查找相关书籍，完成下列任务：

为了营养丰富和口感更加好，可以在萨其马中加入葡萄干、红枣、芝麻等，如图 4-5-11 所示。

图 4-5-11　美味萨其马

任务六 维萝豆沙柿的制作

一、任务描述

[内容描述]

维萝豆沙柿属于苏式船点，造型形象逼真，栩栩如生，深受大家喜爱。在面点厨房中，利用红胡萝卜泥、玉米粉、糯米粉、黄油、白糖等原料，包入豆沙馅，采用捏制成形的手法将制品捏成柿子形状，蒸制成熟，完成维萝豆沙柿的制作。

[学习目标]

（1）了解蔬果面团的定义及特点。

（2）能掌握蔬果面团调制工艺。

（3）能按照制作流程，在规定时间内完成维萝豆沙柿的制作。

（4）培养学生养成卫生习惯并遵守行业规范。

（5）通过学习，让学生感受到学习知识和技能的重要性，培养学生不畏艰辛的学习态度和刻苦钻研的探索精神。

二、相关知识

[蔬果面团的定义及特点]

蔬果面坯指以含淀粉较多的根茎类蔬菜和水果为主要原料，掺入适当的淀粉类物质和其他原料，经特殊加工制成的面坯。主要原料有胡萝卜、豌豆、南瓜、莲子、栗子、荸荠等。蔬果类面坯制作的点心都具有主要原料本身特有的滋味和天然色泽，如凉点爽脆、甜糯；咸点松软、鲜香、味浓。常见品种有栗子糕、黄桂柿子饼、南瓜发糕、胡萝卜甜点等。

[蔬果面团调制工艺]

将原料去皮煮熟，压烂成泥，过面箩，再加入糯米粉或生粉、澄粉（下料标准因原料、点心品种不同而异）和匀，再加入猪油和其他调味原料，如咸点可加精盐、味精、胡椒粉，甜点可加白糖、桂花酱、可可粉。将原料混合后，根据情况先处理，如有些需要蒸熟，有些需要烫熟，还有些可直接调成面坯。

单元四　其他面团

[成品标准]

维萝豆沙柿色彩艳丽，形状逼真，质地软糯，口味香甜，如图 4-6-1 所示。

图 4-6-1　维萝豆沙柿

三、制作准备

[设备与工具]

（1）设备：蒸笼、案板、工作台。

（2）工具：和面盆、擀面杖、刮板、尺板、油盆、油刷、花镊子、马斗、盘子、筷子。

[原料与用量]

皮料、馅料和装饰料如图 4-6-2~图 4-6-4 所示。

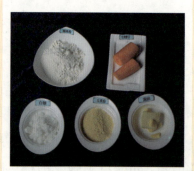

皮料：胡萝卜500克、玉米粉225克、糯米粉75克、黄油50克、白糖25克。

图 4-6-2　皮料

馅料：红小豆500克、白糖600克，色拉油200克，纯碱2.2克、玫瑰酱50克、熟面粉100克、清水1 000毫升。

图 4-6-3　馅料

装饰料：紫菜50克、蜜枣50克。

图 4-6-4　装饰料

四、制作过程

1. 制作胡萝卜泥

制作胡萝卜泥步骤如图 4-6-5 所示。

维萝豆沙柿
视频

将胡萝卜洗净去皮，切成片。（a）

上锅蒸烂。（b）

取出后用粉碎机打碎过筛即成。（c）

图 4-6-5　制作胡萝卜泥

2. 制皮面

制皮面步骤如图 4-6-6 所示。

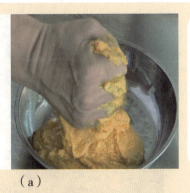

将胡萝卜泥、玉米粉、糯米粉、黄油、白糖搅拌均匀放在刷过油的盘里。（a）

旺火蒸 15 分钟，取出晾凉。（b）

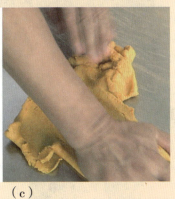
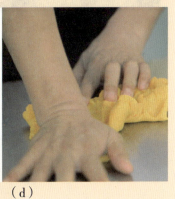

倒在案板上搓匀搓透，备用。（c）

将熟面粉和可可粉加入面团中，搓匀备用。（d）

图 4-6-6　制皮面步骤

3. 搓条

将面团搓成长条，如图 4-6-7 所示。

4. 下剂

将长条揪成大小一致的剂子，如图 4-6-8 所示。

图 4-6-7 搓条

图 4-6-8 下剂

5. 制皮
将剂子捏成薄厚均匀的碗状,如图 4-6-9 所示。

6. 上馅
将豆沙馅放入捏好的剂子中,如图 4-6-10 所示。

图 4-6-9 制皮

图 4-6-10 上馅

7. 成形
将剂子包成圆球形,再捏成柿子形,如图 4-6-11 所示。

图 4-6-11 成形

8. 装饰
装饰步骤如图 4-6-12 所示。

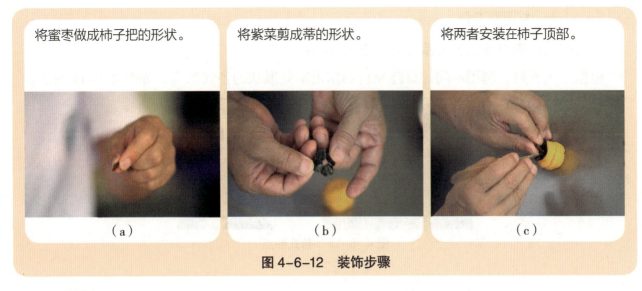

将蜜枣做成柿子把的形状。	将紫菜剪成蒂的形状。	将两者安装在柿子顶部。
（a）	（b）	（c）

图 4-6-12　装饰步骤

9. 熟制

将生坯放在刷过油的笼屉上蒸制 5 分钟，如图 4-6-13 所示。

图 4-6-13　熟制

10. 装盘

将制成的维萝豆沙柿码入盘中。

五、评价标准

评价标准见表 4-6-1。

表 4-6-1　评价标准

评价内容	评价标准	满分	得分
成形手法	维萝豆沙柿采用捏制成形手法正确	20	
成品标准	此点色彩艳丽，形状逼真，质地软糯，口味香甜	50	
装盘	成品与盛装器皿搭配协调，造型美观	5	
卫生	工作完成后，工位干净整齐，工具清洗干净并摆放入位	5	
核心价值观	学习态度端正、主动性与责任意识强	10	
	能吃苦，肯钻研、讲传统、有创新	10	
合计		100	

六、拓展任务

利用网络或者查找相关书籍，完成下列任务：

根据个人喜好，利用不同的果蔬原料制作出不同形状的各式船点，如图 4-6-14 所示。

图 4-6-14　各式船点

任务七 虾饺的制作

一、任务描述

[内容描述]

虾饺是广东茶楼的传统点心，向来都为食客所称道。在面点厨房中，利用澄粉加沸水调制成软硬适度的澄粉面团，采用捏制成形的手法，蒸制成熟，完成虾饺的制作。

[学习目标]

（1）能给澄面面团下定义。
（2）了解蒸制技法、特点及原理。
（3）能够按照制作流程，在规定时间内完成虾饺的制作。
（4）培养学生养成卫生习惯并遵守行业规范。
（5）通过学习探索，力争努力将学生打造成为本专业的行家里手，培养学生们的工匠精神。
（6）通过学习，让学生感受到专业知识的重要性，培养学生不畏艰辛的工作态度和刻苦钻研的探索精神。

二、相关知识

[澄粉面坯]

澄粉面坯的概念

澄粉面坯是澄粉加沸水调和制成的面坯。其色泽洁白，呈半透明状，口感细腻嫩滑，无弹性、韧性、延伸性，有可塑性。使用澄粉面坯制作的成品一般具有晶莹剔透、细腻柔软、口感嫩滑、蒸制品爽、炸制品脆的特点。

[蒸制技法]

1. 定义

蒸制就是把成型的生坯放在笼屉里，利用蒸汽的热传导原理使生坯成熟的方法。

2. 原理

当生坯入笼上屉受热后，其中的淀粉和蛋白质发生了一系列的变化。淀粉受热后膨胀糊化，在糊化过程中吸收水分，变为黏稠胶体，出笼后由于温度下降，冷凝成凝胶体，故成品表面光滑；蛋白质受热开始变性凝固，温度越高，变性越大，直到蛋白质全部变性凝固，这时，制品的结构就趋于稳定了。在蒸制品的膨松面团中，受热后产生的气体，在面筋网络的包围下，形成制品富有弹性的海绵膨松结构。

3. 蒸法的特点

（1）适应性强。蒸制法是面点制作中应用最广泛的熟制方法。除油酥面团和矾、纯碱、精盐面团外，其他各类面团都可采用蒸制法成熟。蒸制法特别适用于酵母膨松面团、物理膨松面团、米卷面团以及水调面团中的热水面团，可用于制馒头、包子、花卷、蒸饺、烧卖、糕类、蛋糕等。

（2）制品膨松柔软。制品在熟制过程中，除保持了较高的温度外，还保持了较大的湿度，制品不仅不会出现失水碳化现象，相反还能吸收一部分水分，滋润制品，加上酵母和膨松剂产生气体，因此大多数蒸制品具有组织膨松、体积膨大、光泽滋润、富有弹性、口感柔软等特点。

（3）制品形态完整。蒸制法用的是蒸汽的热传导作用，生坯置于笼屉中后，水的沸腾不影响生坯的形态。对于面皮起发度小的制品来说，蒸法能保持生坯的造型，制品具有造型美观的特点，如花式蒸饺、烧卖、提褶包等。

（4）保持馅心鲜嫩有汁。在蒸制过程中，由于制品是在较高的温度和饱和的湿度下成熟的，馅心卤汁不易发挥，从而保持了馅心鲜嫩有汁，这也是蒸制品的主要特点，如淮安汤包、天津小笼包。

[成品标准]

虾饺外形洁白美观，皮薄而透明，馅中饺肉隐约可见，呈嫣红色，味道鲜美，爽滑不腻，如图 4-7-1 所示。

图 4-7-1　虾饺

三、制作准备

[设备与工具]

（1）设备：案台、案板、炉灶、台秤、煸锅。

（2）工具：油纸、和面盆、面箩、擀面杖、刀、油刷、笊篱、手勺、尺板、餐盘。

[原料与用量]

皮料、馅心主料、馅心调料如图4-7-2~图4-7-4所示。

图4-7-2 皮料

皮料：澄粉400克、生粉100克、沸水750毫升、猪油15克、精盐5克。

图4-7-3 馅心主料

馅心主料：生虾肉400克、熟虾肉100克、肥猪肉125克、冬笋100克。

图4-7-4 馅心调料

馅心调料：精盐12.5克、香油5毫升、白糖15克、生粉5克、胡椒粉1.5克、味精10克。

四、制作过程

1. 制馅

制馅步骤如图4-7-5所示。

虾饺视频

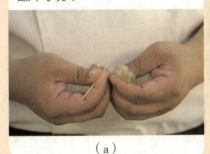

(a) 生虾肉洗净，去虾线，用纱布蘸干水分。

(b) 将一半生虾剁成虾茸。

(c) 将另一半生虾切成粒状。

(d) 将熟虾切成粒状。

(e) 将肥猪肉焯水，切成粒，冬笋丝焯水，蘸干水分。

(f) 将虾茸放入盆内，加精盐，用力搅打至上劲，起胶性。

图4-7-5 制馅步骤

再加入生虾粒、熟虾粒、肥膘粒、冬笋丝及调料。	将原料搅拌均匀上劲。	最后放猪油和生粉拌匀,放入冰箱备用。

(g)	(h)	(i)

图 4-7-5　制馅步骤(续)

2. 烫面

烫面步骤如图 4-7-6 所示。

在锅内放入清水烧开。	将澄面和生粉放入和面盆中,加入开水,边加边搅拌。	把面烫熟,无颗粒,不黏手,趁热搓匀搓透。

(a)	(b)	(c)
在搓的过程中加入猪油。	加入精盐,揉匀揉透。	将揉好的面团盖上保鲜膜备用。

(d)	(e)	(f)

图 4-7-6　烫面步骤

3. 搓条

取一块面团,搓成粗细均匀的条,如图 4-7-7 所示。

4. 下剂

将搓匀的条揪成大小一致的剂子,每个质量约 15 克,如图 4-7-8 所示。

图 4-7-7　搓条

图 4-7-8　下剂

5. 制皮

将剂子用拍皮刀拍成直径约 7 厘米的圆皮，如图 4-7-9 所示。

6. 上馅

左手拿皮，右手拿尺板，将虾饺馅挑入虾饺皮内，如图 4-7-10 所示。

图 4-7-9　制皮

图 4-7-10　上馅

7. 成形

成形步骤如图 4-7-11 所示。

将皮对折，用左手托起，用右手拇指和食指从右至左捏成梳子状的饺子形。

（a）

捏褶要均匀，封口要严紧。

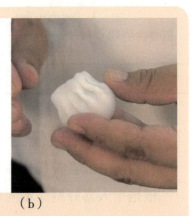

（b）

图 4-7-11　成形步骤

8. 熟制

熟制步骤如图 4-7-12 所示。

在笼屉底部刷上一层薄油。	将包好的虾饺码入笼屉内,旺火蒸6~7分钟。
(a)	(b)

图 4-7-12　熟制步骤

9. 装盘

在蒸制成熟的虾饺表面刷一层薄油,从屉中取出,码入盘中。

五、评价标准

评价标准见表 4-7-1。

表 4-7-1　评价标准

评价内容	评价标准	满分	得分
成形手法	虾饺采用捏制成形的手法正确	20	
成品标准	外形洁白美观,皮薄而透明,馅中饺肉隐约可见,呈嫣红色,味道鲜美,爽滑不腻	50	
装盘	成品与盛装器皿搭配协调,造型美观	5	
卫生	工作完成后,工位干净整齐,工具清洗干净并摆放入位	5	
核心价值观	学习态度端正、主动性与责任意识强	10	
	能吃苦,肯钻研、讲传统、有创新	10	
合计		100	

六、拓展任务

利用网络或者查找相关书籍,完成下列任务:

根据个人喜好制作不同形状和口味的虾饺。

任务八 莲蓉蛋黄月饼的制作

一、任务描述

[内容描述]

月饼,又称胡饼、宫饼、小饼、月团、团圆饼等,在中国有着悠久的历史。中秋节吃月饼最早可追溯到周代,源于民族拜月的仪式。到了明代,月饼才真正成为中秋节正式的应节食品,并在民间逐渐流传。

农历八月十五是我国的传统佳节——中秋节,我国人民在这一天有吃月饼的习俗。在面点厨房中,根据顾客要求,利用面粉、糖浆、花生油调制广式月饼皮,包入蛋黄莲蓉馅,烤制成熟,完成月饼制作任务。

[学习目标]

(1)能够按照要求熬制糖浆。
(2)能控制好月饼烤制温度。
(3)能够按比例调制广式月饼皮(糖浆皮)。
(4)能够按照制作流程,在规定时间内完成月饼的制作。
(5)培养学生养成卫生习惯并遵守行业规范。
(6)通过学习,使学生们了解我们的传统饮食文化,领略中华传统文化的博大精深,引导他们学习解悟工匠精神。

二、相关知识

[糖浆鉴别]

熬制到适当的程度后,用手勺抽取少量糖浆再倒回去,若有一定黏稠度,即成糖浆,如图4-8-1所示。

[糖浆熬制的技术要点]

(1)熬糖浆沸时容易喷溅,注意安全,以

图4-8-1 糖浆

免烫伤,此时需降低火温。

(2)小火熬制,以免过快蒸发糖浆中的水分,保存时容易翻砂。

(3)糖浆沸后,可放入蛋清数个一起沸滚,使蛋清在糖浆内吸入糖泥和杂质,待沸20分钟后,加入其他原料。糖浆熬好后,用面箩过滤,存放数天后才能使用。

(4)熬糖浆时要根据气候变化,天凉时糖浆液稀一些,以免冷却后过于稠浓。

[烤制月饼的技术要领]

(1)月饼生坯入烤箱前一定要先喷水,以免烤制时崩裂。

(2)烤制月饼时火温不宜低,否则不易上色,会鼓皮和扁塌。

(3)烤制月饼时火温也不宜太高,否则色泽不艳。

(4)烤制月饼时,生坯入烤箱前不要先刷蛋液,否则花纹不清晰,待略呈浅黄色时取出,用蛋黄液刷匀饼面,再烤成金黄色,即可出炉。

[成品标准]

莲蓉蛋黄月饼色泽金黄,图案清晰玲珑,形状美观,柔软甘香,如图4-8-2所示。

图4-8-2 莲蓉蛋黄月饼

三、制作准备

[设备与工具]

(1)设备:案板、台秤、烤箱。

(2)工具:刮刀、小刷子、烤盘、小碗、和面盆、月饼模具、餐盘。

[原料与用量]

皮料、馅料和糖浆如图4-8-3~图4-8-5所示。

皮料:面粉500克、糖浆350克、色拉油130克、碱水10克。

| (a) | (b) | (c) | (d) |

图4-8-3 皮料

馅料：莲蓉、朗姆酒、蛋黄。

(a)
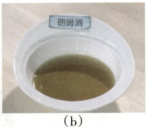
(b)

(c)

图 4-8-4　馅料

糖浆：白糖 5000 克、清水 2500 克、柠檬汁 10 克、饴糖 100 克。

(a)

(b)

(c)

(d)

(e)

图 4-8-5　糖料

四、制作过程

（一）糖浆的制作

糖浆的制作步骤如图 4-8-6 所示。

莲蓉蛋黄月饼视频

将白糖加入盛有清水的锅内，上火烧沸。

(a)

在熬制糖浆的过程中，要注意清除糖泥和杂质。

(b)

将柠檬榨汁，把汁放入大桶内，继续熬制。

(c)

加入饴糖继续熬制。
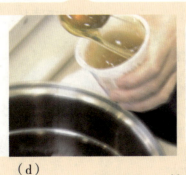
(d)

减低火温，继续熬制 1~1.5 小时，最后加入蜂蜜，晾凉备用。

(e)

图 4-8-6　糖浆的制作步骤

（二）莲蓉蛋黄馅的制作

莲蓉蛋黄馅的制作步骤如图 4-8-7 所示。

（a）在蛋黄上喷上朗姆酒。

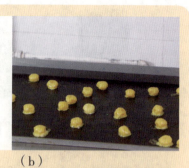

（b）放入烤箱烤制 5~10 分钟，出油即可。

（c）将莲蓉馅和蛋黄一起称重 45 克。

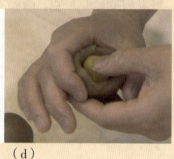

（d）把莲蓉馅按成圆饼状，包入一个蛋黄，然后揉匀揉圆，莲蓉馅和蛋黄一定要包得贴合。

图 4-8-7　莲蓉蛋黄馅的制作步骤

（三）月饼的制作

1. 和面

和面步骤如图 4-8-8 所示。

(a) 面粉过筛倒在案台上，开成窝状。
(b) 窝中倒入糖浆。
(c) 加入纯碱水，用手将纯碱水和糖浆拌和均匀。
(d) 分次倒入色拉油，每次倒入后与糖浆、纯碱水拌和均匀。
(e) 用刮板将面粉堆向窝中，与其他原料拌和均匀。
(f) 用叠压法将拌和均匀，制成月饼皮面坯。

图 4-8-8　和面步骤

2. 成形

成形步骤如图 4-8-9 所示。

将调制好的面团制成每个质量约 30 克的剂子。
（a）

将小面剂包入莲蓉蛋黄馅。
（b）

包成圆球，并裹上干面粉。
（c）

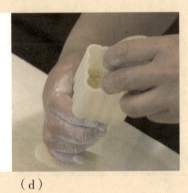
将包好馅的月饼生坯裹上干面粉，放入模具里。
（d）

往下压模子，要压平，保持表面的花纹清晰。
（e）

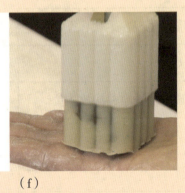
用力按一下，脱模轻轻弹出一个个月饼。
（f）

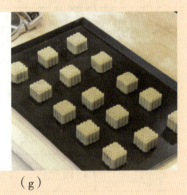
重复以上过程，一个个月饼生坯即成。
（g）

图 4-8-9 成形步骤

3. 烤制成熟

烤制成熟步骤如图 4-8-10 所示。

烤箱预热200℃，在月饼的面上喷一层清水，入烤箱烤约8分钟。	待烤至浅黄色取出，用细毛刷子蘸蛋黄液，轻扫饼皮表面即可。刷好后再烤5分钟。	取出，再次以同样方法刷蛋液，再次放入烤箱烤5分钟，色泽金黄即可。
	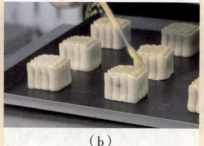	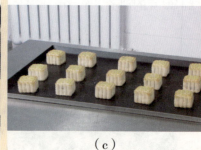
(a)	(b)	(c)

图 4-8-10　烤制成熟步骤

4. 装盘

将烤制好的成品装入餐盘中。

五、评价标准

评价标准见表 4-8-1。

表 4-8-1　评价标准

评价内容	评价标准	满分	得分
成形手法	月饼利用模具成形的手法正确	20	
成品标准	成品色泽金黄，图案清晰玲珑，形状美观，柔软甘香	50	
装盘	成品与盛装器皿搭配协调，造型美观	5	
卫生	工作完成后，工位干净整齐，工具清洗干净并摆放入位	5	
核心价值观	学习态度端正、主动性与责任意识强	10	
	能吃苦，肯钻研、讲传统、有创新	10	
	合计	100	

六、拓展任务

利用网络或者查找相关书籍，完成下列任务：

（1）根据个人喜好改变馅心原料制作各种口味的月饼，如五仁月饼、豆沙月饼、椰蓉月饼等，如图 4-8-11 所示。

图 4-8-11　各种口味的月饼

（2）根据个人喜好制作各种形状的月饼，如图 4-8-12 所示。

图 4-8-12　各种形状的月饼

（3）从营养和色彩的角度，可以添加紫米面、南瓜泥、荞麦面、莜面等制作多彩月饼，如图 4-8-13 所示。

图 4-8-13　多彩月饼

附录一　原料介绍

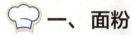 一、面粉

面粉的种类：精面粉，标准面粉，次等面粉，全麦面四个等级。
精面粉：分成高筋面粉，中筋面粉，低筋面粉，主要区别在面筋的蛋白质。
面粉的性质：白色，有一定光泽 质干结 松散粉粒细无杂质无异味居多糖类
小麦的结构，麦皮，糊粉层，胚乳，胚芽研磨筛选。
精面粉：用胚乳，胚芽、研磨筛选出来。
标准面粉：用糊粉层，胚乳研磨筛选。

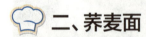 二、荞麦面

1. 来源

荞麦原产于中亚，古代中国就已经开始种植。荞麦多产于高寒地区，可以生长在贫瘠的土地上，像山西朔州山区，陕北，土地贫瘠，不适合种小麦。所以那里自古就有食用荞麦的习惯。

2. 功效

◇ 荞麦富含淀粉、蛋白质、脂肪、维生素、矿物质和膳食纤维，能为人体提供营养，保护人体健康，增强体质，提高免疫力。

◇ 荞麦还能帮助身体控制血糖、血脂，常吃荞麦，对高血糖、高血脂和肥胖的人有很好的效果。荞麦富含维生素 p，能增加血管弹性，保护血管。

三、莜面

来源：莜面是由莜麦加工而成的面粉。在山西、内蒙古、河北坝上张北、康保、沽源地区是莜麦面食品的统称。

特点：莜面中含有钙、磷、铁、核黄素等多种人体需要的营养元素和药物成份，莜面中含有一种特殊物质——亚油酸，对人体新陈代谢具有明显功效。

功效：莜面还是一种很好的保健食品，有助于减肥和美容。只是莜面不容易消化，晚餐最好不要多吃，每顿量要少吃。

四、玉米面

来源：是由玉米磨制而成，玉米面有粗细之别。玉米面含有丰富的营养素，按颜色区分有黄玉米面和白玉米面，按种类分还有糯玉米面(黏玉米)。

功效：玉米中含有大量的卵磷脂、亚油酸、谷物醇、维生素E、纤维素等，具有降血压、降血脂、抗动脉硬化、预防肠癌、美容养颜、延缓衰老等多种保健功效，也是糖尿病人的适宜佳品。

 ## 五、澄面

来源：将面粉经过加工制作洗出筋后，散落在水中的淀粉在经沉淀、干燥等工序加工而成。

特点：属无筋的淀粉,,既无筋韧性，但烫熟成面团则成半粘连状态（有可粘性和可塑性）。

性质：色洁白，粉知幼滑。

用途：

1. 调节面筋使用。
2. 作为咸，甜点心的澄面皮用。
3. 炸的品种，搭有澄面，熟后带脆性，蒸的品种中熟后有爽口，晶莹的效果。

 ## 六、粘米粉

来源：将大米经加工研磨，干燥后筛选按工序加工而成。

性质：色洁米白无筋，较坚实，发酵力交。

用途：多用于米制糕品，在一些品种搭配使用。

 ## 七、糯米粉

来源：由糯米加工研磨，干燥，筛选而成。

性质：色白，粉质幼滑，将粉外里至熟有轻韧的特性，软韧性的体现是随粉团的熟度大而增大。

糯米皮的品种，可具有松，脆，软，韧，半烩半软的成品的效果。

用途：蒸的品种，较适宜夏季；炸的品种适宜冬季。

 ## 八、马蹄粉

来源：从马蹄去皮，加工，研磨，由淀粉质沉底，干燥后而成。

性质：色泽暗白色，粉粒微粗，成不规则粉状。

特点：成品清甜爽滑，透明，有韧性。

用途：咸甜，拉皮。马蹄糕，拉皮蛋糕卷。

可用奶层糕，芝麻糕，批夏季精良食品。

亦可用作上粉，打馅之用

 九、生粉

来源：是用木薯去皮，浸泡研磨干燥筛选等工序加工日而成。

性质：色白，粉质幼滑，熟后粘性强，用于炸的品种有脆性的效果。

用途：打献，上湿粉，拍干粉，威化片。

 十、加工粉（糕粉）

来源：将糯米侵透以后，滤干水份，用文火炒至熟透冷却后，研磨过筛而成。

性质：白色物质比生粉粗，松散，吸湿性大，加湿后粉质具有软滑带韧，埋馅则有粘状食用时有韧性，使馅里现有光泽。

用途：制甜馅、月饼馅、做饼皮、水糕皮、云片糕点。

 十一、栗粉

来源：是从玉米、高棵栗加工，研磨过筛而成。

性质：色白，幼滑，吸水性强，糊化后有粘性。

 十二、菱角粉

来源：由菱角去壳，研磨加工而成。

性质：色赤白，幼滑，吸水性强，熟后略粘而带爽。

用途：适宜夏令冻品，如凉糕，奶冻，打芡等。

 十三、绿豆粉

来源：由绿豆去壳浸泡后，晒干经研磨筛选等工艺而成。

性质：幼滑，无筋，无粘，有香味，吸水性强，赤白色。

特点：用作制馅类时则味香而软滑，制作各种饼食则脆化甘香。

用途：适宜制作绿豆饼，绿豆糕，杏仁饼，豆芽馅等。

十四、可可粉

来源：将可可豆发酵洗净，干燥，烘炒，压碎，去掉外壳，再抽去可可脂，在研磨过筛而成。

性质：粉色为棕褐色，粉质程幼细末粉。

用途：是点心制作调色用料之一，及使成品具有特殊风味，如可用奶层糕，及西点调色之用。

十五、味粉

来源：利用淀粉作为原料经过微生物发酵，再会使各种调料中的调味料，主要成分谷氨酸钠。

性质：成结晶状态或粉末状，谷氨酸不适宜在高温下使用，会产生不利的作用。

特点：使用时与盐配合味道更为味美，过多则会味道不鲜的效果，在酸或碱的溶液中发生变化，失去鲜味。

十六、咖喱粉

来源：主要以姜黄粉辣椒粉构成。性质：黄色粉末状，在加温中产生一种特殊的风味。

用途：比较多用于西点咖喱熟馅等。

十七、白砂糖

来源：品质纯净的蔗糖

性质：纯净、清甜、色白、明亮、晶粒如沙、颗粒均匀，干爽溶解于水成为清甜清澈的水溶液。

用途：大多数的甜点，调料使用，用途较广。

十八、绵白糖

来源：由粗粒白糖加工而成。

性质：纯净、色泽绵软，清甜、吸湿性较大。

用途：纯成品带有软性的品种和点心的装饰。

十九、麦芽糖

来源：由淀粉经过淀粉水而成的。

成分：麦芽糖、糊精。

性质：色泽黄，透明，呈浓粘糊状态，味甜，有光泽。

二十、板油
来源：从猪体内的花油，大油，鸡冠油经提炼凝结。
性质：色洁白，凝固，粘韧，乳化状态的固体。
特点：拉力强 有韧性 熔点比较低。

二十一、花生油
来源：由花生仁压榨而得来。
性质：不干性食油色泽为浅黄色，黄色，淡褐色，是透明粘稠液体，光泽度好。
特点：润滑性好，味道清香。
用途：多用于煎，炸点心的用油或拌馅类加入的油

二十二、豆油
来源：由豆类经压榨取得半干性食用油，生成柔软不牢固的薄膜。
性质：色泽是浅黄，橙黄色或褐色，呈一种粘稠的液体状态，有一定关泽。
特点：味道带有豆腥味。
用途：可做煎炸品种用油，一般不作为搓制酥食用油。

二十三、麻油
来源：由芝麻压榨出来的优质半干性油。
性质：色泽黄色或棕褐色，呈粘稠液态。
特点：气味浓香。
用途：用于调味。

油脂在制品的作用：

1. 提高成品的营养价值。

2. 使成品具有良好的风味和色泽。

3. 调节面团中面筋的胀润度，提高可塑性。

4. 改进成品的组织状态，使成品柔亮，光亮，油润。

二十四、蛋品
1. 性质

◇ 鸡蛋：胶粘性强，有发泡性，有香味。

◇ 鸭蛋：色泽比鸡蛋深，胶粘性比鸡蛋强，有发泡性，有香味，但略带腥味。
◇ 皮蛋：利用碱性材料，使蛋白蛋黄发生变化而成，有碱香味。

2. 用途

◇ 提高糕点的营养价值。
◇ 增加成品的香味。
◇ 使成品膨松柔软，改进了成品的组织状态。
◇ 使成品表面易着色，并增加光泽鲜艳。

 ## 二十五、鲜奶

性质：呈中性或弱碱性，乳糖放置时间长会受细菌侵入，使乳糖度成乳酸而变质，而乳酶随着时间而增加，使蛋白质凝固，而结成凝固物。

用途：用来调色，增加香味

作用：

◇ 增加色泽洁白的效果。
◇ 提高成品的营养价值和具有奶香味。
◇ 增加成品的柔软性。

 ## 二十六、泡打粉

泡打粉是一种复合膨松剂，又称为发泡粉和发酵粉，主要用作面制食品的快速疏松剂。有些分香甜型和食用型泡打粉，是一种快速发酵剂，主要用于粮食制品之快速发酵。在制作蛋糕、发糕、包子、馒头、酥饼、面包等食品。

二十七、小苏打

碳酸氢钠，是一种易溶于水的白色碱性粉末，在与水结合后开始起作用释出二氧化碳CO_2，在酸性液体（如：果汁）中反应更快，而随着环境温度升高，释出气体的作用愈快。碳酸氢钠在作用后会残留碳酸钠，使用过多会使成品有碱味。碳酸氢钠水溶液呈弱碱性，俗称小苏打及焙用碱。

 ## 二十八、臭粉

主要成分为碳酸氢铵，化学膨大剂的其中一种，用在需膨松较大的西饼之中。面包蛋糕中几乎不用。加热时才产生气体，产物是氨气。会使成品有股氨臭味，所以，一般用在油炸品中，这样氨气在高温下易于挥发。也有许多人叫它阿摩尼亚。

附录二　中式面点常用工具和设备

1. 擀面杖

又称面杖、擀面棍、杆杖，用途最广，全国各地均有使用。根据用途差别，有长短、粗细之分，短的 20cm，长的 100cm 以上；细的直径 1cm 左右，粗的直径 5cm 左右。擀面杖主要用于擀制各类面皮，如水饺皮、馄饨皮、包子皮等以及各类饼皮，也常常用于烫面时的搅面工具。

2. 尺板

尺板主要用于上馅或抹馅料等。

3. 手勺

它是一种手柄很长的勺，比较大，可以用来加水、加汤料，还可以用来搅拌，当然也可以用来加调味料。翻动炸制品时也可用手勺翻动。

4. 刮板

刮板又称面刀、面铲，有不锈钢盒塑胶两种不同材质，塑胶刮板又有称软质和硬质之分。刮板主要作为和面工序的辅助工具，完成一些"铲"和"切"的动作。另外，还可用于清洁案板、烤盘等。

5. 走槌

又称通心槌、酥槌、酥棍等。此面杖的构造是，在粗大的面杖（直径 8~10cm）轴心有一个两头相通的孔，中间可插入一根比孔的直径小的细棍作为手柄，使用时要双手持柄推拉，通过粗大槌的滚动将大片的面坯擀薄、擀匀，可用于层酥面大包酥的开酥、大批量制作花卷时的擀制面皮等。

6. 漏勺

炉灶上工作时经常用到的工具，煮制品、炸制品捞出时用到漏勺。

7. 抹刀

抹刀为不锈钢材质，可根据需要选用或长或短的规格，用作夹馅或涂抹膏料、酱料等。

8. 模具

模具是中式面点工艺造型中常用的工具，包括各种印模、卡模等。

（1）印模：主要用不易变形的硬木制成。

（2）卡模：又称套模、花戳，是一种用金属材料制成的两面镂空、一端有花纹、内部有立体图案的成型模具。

（3）胎模：又称盒模、盏，使用金属、锡箔、油纸等制成。

9. 各式花嘴

花嘴是面点工艺的裱花挤注工具，与布袋或油纸配合使用，一般用铁、铜、不锈钢等材料制成。花嘴大多呈空心圆锥形，锥形的底部为平底圆筒，锥形顶端则根据工艺需要有圆形、锯齿形、扁嘴形、尖嘴形、有弧度的扁嘴形等。

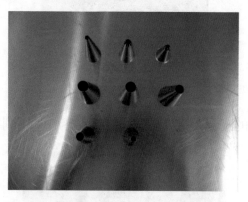

10. 刀

刀在面点中主要用于切面剂、剁馒头，也用来切配馅料。以不锈钢材质、较一般切菜刀小巧的长方形刀具为好。

11. 擦子

擦子又称擦冲，是面点工艺中用于加工丝类原料的工具，分擦床、擦刀两部分。擦床一一般使用有一定弧度的竹板制成，也有用塑料替代竹板的。擦刀嵌在擦床中间，一般以金属冲压制成。

12. 蒸笼

蒸笼也有笼屉、蒸格等称法，有竹笼、木笼铝笼、不锈钢笼等材质，有圆形、方形等形状，是蒸制品成熟所需的用具。现在使用相对较多的蒸笼为铝笼和不锈钢笼。

13. 抽子

以金属丝为材料制成的搅拌工具，在手动抽打、搅拌糊状原料和浆状原料时常常使用该工具。

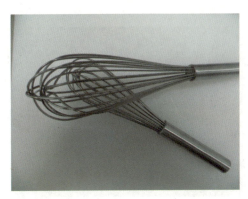

14. 剪刀

剪刀主要用于花式面点的制作。

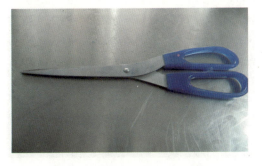

15. 量勺、量杯

量勺规格不以，各种大小配套，也可根据实际需要定制，常用做于干性味料的计量工具。

量杯有不锈钢、塑胶等材质，是针对水、油等液体原料的计量器具。

16. 镊子

主要用于花式面点制作。

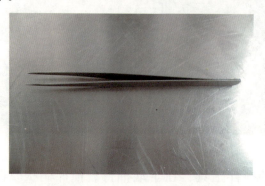

17. 梳子

主要用于花式面点制作。

18. 刷子

主要用于刷油或者刷蛋液等。

19. 锅

锅具有铁质、不锈钢质、铜质、铝质等材质，铁质、不锈钢质和铜质锅具使用较多。面点中会用到的锅具大致有：用于炒馅心、炸制面点等的炒（炸）锅，用于蒸、煮面点等的水锅，用于煎、烙、贴面点等的平底锅，用于熬粥、制汤面臊等的汤锅，用于制作蛋烘糕的专用小铜锅等。

20. 炉灶

炉灶是指以煤气、柴油、天然气等燃烧后提供热源而产生热量，利用锅内的水、油等作为传热介质，非直接加热的熟制设备。燃油灶、燃气灶等已逐步取代传统燃煤灶，电炉灶也有了一定的运用。

炉灶样式很多，如常用来炒面臊、煮或炸制席点的炉灶，用来蒸制面点或煮较大量的汤类面点的蒸煮灶，用来煎、烙、摊制面点的平炉灶等。

21. 电子称

烹调某些食物时，需要严格按照配方中的量来操作，这时需要一个称量准确的电子称。电子称的最大特点就是称量准确。

22. 电磁炉

电磁炉作为一种新型炉具，在饮食行业中已得到了较为广泛的运用。其操作简单，使用方便，升温迅速，所使用锅具需为平地铁质或不锈钢材质。

23. 案台

面点操作台，又称为案台，常见的案板有木质、大理石和不锈钢3种材质的工作台。

不锈钢案台采用不锈钢材质制成，耐腐蚀、防酸、防碱、防静电。根据实际需要，有单层、双层、带冰柜等样式，表面光滑平整，常用于准备工作。

24. 烤箱

烤箱是运用于面点的烤点中，有电热式和燃气式两种烤箱，以电热式烤箱较为常见。多为隔层式结构，层与层之间彼此独立，底火、面火分别控制，可实现多种制品同时烤制，效率高，节约能源。

25. 电饼铛

电饼铛常用来煎、烙面点制品，具有自动调温、恒温、控温功能，操作简单，较易控制产品的品质。

26. 和面机

和面机是面点制作中最常见的器械，主要有卧式和立式两大类型。根据工艺要切，有的和面机还有变速、调温和自控装置。

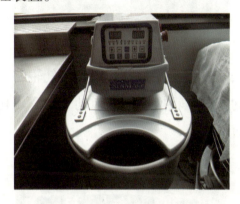

27. 多功能搅拌机

多功能搅拌机又称打蛋机，是一种转速很高的搅拌机。根据所使用搅拌桨的不同，搅拌机也会有不同的适应性。一般的有球形搅拌桨、扇形搅拌桨和钩形搅拌桨。

28. 绞肉机

绞肉机除了用来绞肉以外，餐饮行业还常常将绞肉机用来搅蒜。绞肉时需把皮去掉并将肉分割成小块，肉馅的粗细可由两方面控制：一是绞肉的次数，绞肉次数越多，肉馅越细；二是由刀具（板眼）决定，可根据使用需要随意调换粗细板眼，以加工不同规格的肉馅颗粒。

29. 醒发箱

醒发箱即发酵箱，箱内的温度很湿度能根据实际所需进行调节和控制。主要用于面包的发酵和醒发，也可用于馒头、包子类面团的发酵和醒发。

30. 压面机

压面机可加工面片、面条、抄手面等。先利用光滑轧辊将松散的面团轧成紧密的、规定厚度的薄面片，再将压面机的光滑轧辊换成齿形活动轧辊，压切面条。通过调节齿形轧辊的齿距，便能得到不同宽窄的面条。

31. 烤盘

烤盘有铝合金的、镀铝的、铁质的、玻璃的等，目前只有金属烤盘是传热最快的。一般用来烤制面包、蛋糕等各种点心。

附录三　中餐面点制作开档与收档

一、中餐面点制作开档前的准备工作

1. 进入厨房，检查并开启炉灶、电器

观察有无漏气情况，开启照明设备，通电通气检查炉灶、油烟排风设备运转正常，若出现故障，应及时自行排除或报修；检查厨房各种电器的设备运转情况。

2. 检查上下水

是否有跑、漏、滴、堵现象。

3. 检查并清洁用具

检查各种不锈钢、塑料盛器的完好情况，清洗刀具、菜墩、擦床、盘具。

4. 工具消毒

案台、餐具及各种工具要干净无油腻、无污渍，保证清洁；抹布应干爽、洁净，无油渍、污物，无异味；刀具、菜墩等工具要用酒精消毒，炉灶灶面保持清洁。

5. 领料与验料

根据本次任务所用的面点原料及调料，到库房依单领取，检查原料的新鲜度。

二、中式面点制作结束后的收档工作

1. 将面点间的工具设备及盛菜器名刷洗干净
2. 将面点的剩余原料封保鲜膜或放入保鲜盒入保鲜冰箱冷藏（如有动物性原料应放入冷冻室）

3. 根据剩余原料开好明天的料单，申购单。
4. 检查燃气灶具、关闭燃气总开关。

5. 关闭照明电源，开启消毒灯。